朱青 ◎ 编著

我的责任
我担当

中国纺织出版社有限公司

内 容 提 要

任何成长中的青少年，都有自己的弱点，比如做事拖拉、骄傲自大、盲目冲动、依赖性强、贪婪等，这些都阻碍了青少年成长成才。只有正视并克服弱点，才能走向强大。

本书从关注青少年成长的角度出发，帮助青少年重新剖析和认识自我，充分挖掘自己的弱点，帮助青少年从懒惰变勤奋、从软弱变坚强、从消极变积极，进而成长为有担当的有为青年。

图书在版编目（CIP）数据

我的责任我担当／朱青编著. ——北京：中国纺织出版社有限公司，2021.8
ISBN 978-7-5180-8408-1

Ⅰ. ①我… Ⅱ. ①朱… Ⅲ. ①责任感—培养—青少年读物 Ⅳ. ①B822.9-49

中国版本图书馆CIP数据核字（2021）第040710号

责任编辑：张 羽　　责任校对：高 涵　　责任印制：储志伟

中国纺织出版社有限公司出版发行
地址：北京市朝阳区百子湾东里A407号楼　邮政编码：100124
销售电话：010—67004422　传真：010—87155801
http://www.c-textilep.com
中国纺织出版社天猫旗舰店
官方微博 http://weibo.com/2119887771
三河市延风印装有限公司印刷　各地新华书店经销
2021年8月第1版第1次印刷
开本：880×1230　1/32　印张：6.5
字数：111千字　定价：39.80元

凡购本书，如有缺页、倒页、脱页，由本社图书营销中心调换

前　言

当今社会，随着物质文化生活水平的提高，很多青少年都过着衣来伸手、饭来张口的生活，什么都由父母包办，他们凡事找父母，有强烈的依赖性，认为万事万物得来全不费功夫，结果产生了很多性格上的弱点，比如，做事拖拉、骄傲自大、盲目冲动、依赖性强、贪婪、自私等，而很明显，这些都阻碍了一个青少年成长成才并最终走向成功。

实际上，除了青少年，成人也有自身的弱点，弱点不是"病"，但如果不克服就要命。人的弱点是潜伏在人们的意识里的，不易为人所察觉。人无完人，有弱点并不可怕，可怕的是我们对某些自身的弱点浑然不觉，甚至还为此自鸣得意，或者听之任之、不管不顾。如果任这些缺点泛滥，它就会对你的人生产生致命的伤害。

对于青少年来说，逃避弱点并不能解决问题，与其回避自身的弱点，不如面对它，正视它，然后克服它，战胜它。

每个青少年朋友都要记住，你是命运的主人。我们要行动起来，消除弱点不利的一面，积极为我们通向成功的道路扫清障碍，这样才能迎来美丽而灿烂的人生。

因此，青少年们必须从现在起，克服这些弱点，把自己历练成一个心态阳光的少年，这样才能在未来社会收获成功。

事实上，每个青少年都有自己的人生路，都能走出属于自

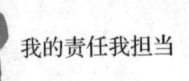

己的精彩之路,都会找到属于自己的理想乐园,在理想乐园中种上喜爱的花草。性格中的弱点就如同花草上的一些小虫子,如何及时除掉这些虫子,就是我们编写本书的初衷。

  本书从青少年的角度出发,选取了青少年朋友身上常有的17个弱点进行分析。书中选取了大量生动的例子,给予了精辟有趣的引导,并提出了正确有效的建议,让青少年在懒惰的时候变得勤奋,在软弱的时候变得坚强,在自私的时候变得善良,在骄傲的时候变得谦虚,在颓废的时候变得积极,在痛苦的时候变得乐观。本书堪称修正自身弱点的秘方,希望广大青少年朋友能从中获益,真正扛起身上的责任,为历练成有担当、有成就的青年做好准备。

编者著
2020年12月

目 录

上篇 克服内心的弱点

弱点一
意志薄弱——选择坚强，青少年要在挫折中捶打你的意志 ‖003

无论如何，别让挫折消磨你的意志 ‖004
砥砺前行，青少年要在困境中寻找力量 ‖012

弱点二
逃避责任——主动承担，青少年绝不做逃避的懦夫 ‖018

逃避毫无意义，不如选择大胆面对 ‖019
勇于承担责任，青少年不做懦夫 ‖025

弱点三
自闭羞怯——大胆交往，青少年绝不能孤芳自赏 ‖031

自闭只会让花季少年失去颜色 ‖032
展现自我，每个少年都要大方自信 ‖037

弱点四
过度依赖——自立自强，少年要尽早靠自己的双脚走路 ‖041

凡事靠自己，不要依赖任何人 ‖042
少年自信自强，你会走得更远 ‖050

弱点五

懒惰拖延——勤奋第一，少年绝不能让时间空耗下去　‖054

今日事今日毕，绝不拖延到明天　‖055
要想成功，少年必须从现在开始勤奋起来　‖062

弱点六

好逸恶劳——现在努力，贪图享乐的少年与成功无缘　‖066

安于现状，你终究碌碌无为　‖067
越勤奋，你的方向和目标越清晰　‖074

弱点七

自私自利——换位思考，青少年要设身处地为他人着想　‖078

凡事多顾及他人，少年不做自私鬼　‖079
分享，是你快乐的源泉　‖086

弱点八

三心二意——专心致志，青少年要一心一意做好每件事　‖089

用心不专，任何事都无法做成　‖090
要想成功，青少年要从现在起克服三心二意的弱点　‖096

下篇　战胜外在的弱点

弱点九

心高气傲——低调谦逊，少年不要总以为自己是最优秀的　‖103

积极进取，你还有进步的空间　‖104

低调一点，骄傲自满容易招人嫉恨 ‖110

弱点十
心浮气躁——踏实肯干，认真是少年做成每件事的前提 ‖116
内心浮躁是很多青少年需要克服的弱点 ‖117
将努力坚持下去，你会看到成就 ‖124

弱点十一
畏惧压力——迎难而上，青少年要懂得将压力变为动力 ‖127
压力过大，容易让青少年丧失自信 ‖128
压力也是动力，能推动青少年进步 ‖138

弱点十二
爱找借口——拒绝借口，凡事只找原因不为自己开脱 ‖141
爱找借口，是懒惰少年的挡箭牌 ‖142
只找原因不找借口，你就是出色的少年 ‖146

弱点十三
顽固自大——反躬自省，青少年及时反省找到自己的不足 ‖151
自大、爱抱怨，你只能让人生厌 ‖152
懂得反省，你离成功就近了一步 ‖155

弱点十四
行事高调——低调一点，爱出风头的青少年更容易碰壁 ‖159
一味地出风头，很有可能招致祸患 ‖160

别事事出风头，青少年为人要低调 ‖167

弱点十五
行为拖沓——立即去做，每个青少年都要提升执行力 ‖171

与其坐而论道，不如起而行之 ‖172
实干家和空想家，你想做哪一个 ‖179

弱点十六
不懂尊重——肯定他人，青少年用尊重才能换来尊重 ‖184

你渴望的自尊，别人也需要 ‖184
青少年善于给予他人肯定，给他人动力 ‖188

弱点十七
心胸狭隘——宽容至上，宽容让青少年的人格更丰满 ‖192

小心眼和斤斤计较的少年，会失去更多 ‖193
青少年心怀宽容，生活更快乐 ‖196

参考文献 ‖200

上篇

克服内心的弱点

弱点一

意志薄弱

——选择坚强，青少年要在挫折中捶打你的意志

本质分析：

　　挫折是指人们在从事有目的的活动时，因某种障碍或干扰导致行为目标无法实现、个人需求不能满足而产生的一种心理上的紧张状态和情绪反应。挫折在我们的一生中不可避免，每个人都会遇到挫折，只是大小不同而已。也就是说，做任何事情要想达成目的，都必须付出代价，而遇到挫折和失败是所付出代价的一部分。遇到挫折或失败并不可怕，关键是如何对待它们，切忌一遇到挫折就心灰意冷、一蹶不振。我们要培养自己坚强的意志力，让这股意志陪伴我们，给自己鼓劲，给自己一个坚持下去的理由。

实际表现：

　　（1）对自己的外貌、仪表感到不满意，总觉得自己太胖或太瘦，太高或太矮。

　　（2）学习成绩达不到自己的目标，没有考上理想的学校，

觉得自己能力不强，不够聪明。

（3）不知道如何与人交往，或者因自己无法进入同学的小团体而感到孤单、落寞。

（4）自己和同学的价值取向、态度观念不一致，从而产生争执和不被理解的苦恼。

（5）认为父母不了解自己，且无法与他们沟通。

（6）没有稳定的友谊，在群体中没有良好的人际关系，经常与别人发生冲突等。

（7）不能实现自己的愿望，有时还恰恰相反，如在竞赛活动中失败。

无论如何，别让挫折消磨你的意志

孩子成长的过程就是一个不断遇到困难和挫折的过程。所谓挫折，就是预定的目标由于某种原因没能实现，内心因此失落从而产生的一系列消极的情绪体验。挫折对人的影响有正反两方面，其消极影响主要表现为：在生理上，经常会头晕、恶心、失眠、多梦、困倦、乏力等；在心理上，经常会烦躁、多虑、沮丧、抑郁、恐惧、淡漠等；在行为上，则表现出退缩、拘谨或是攻击、破坏等极端行为。这三方面的消极影响又会相互转化，消磨我们的心志。因而，如果长期处于这种挫折情绪状态中，我们就会失去主动性和目的性，甚至会引发身心疾病。

那么，什么是挫折呢？我们又该如何面对挫折呢？

弱点一
意志薄弱——选择坚强，青少年要在挫折中捶打你的意志

比如，一个学者的愿望就是在学术上有所成就，多取得一些学术成果。如果他发表的论文比较少，他可能就会有挫折感，但他绝不会因为不会玩牌、不会炒菜而有挫折感。挫折与个人所定的成功标准有密切关系。各人的抱负水平高低不一，所感受到的挫折程度也有区别。如有的同学对自己要求不高，考试只要能及格就可以了；但是有的同学考不到一百分就觉得没有考好，就会有失败感。

造成挫折感的原因主要有两方面：一方面是客观的，如他人有意的刁难、极其恶劣的气候等；另一方面是主观的，如个人的生理缺陷、智力水平较差以及内心产生动机冲突等。导致挫折感的一些主客观原因我们是无法控制的，但当客观原因导致失败和挫折时，千万不要怨天尤人，要敢于接受现实，否则就会因深深的挫折感而丧失心志。

有一位国际象棋高手，曾经两次获得全国冠军，但在第三次的冠军卫冕战中输掉了比赛。她当时很受打击，甚至怀疑自己的能力。在面对挫折时，她没有坚定自己的信心，而是一味地责怪自己。最终她没有被象棋打败，而是被自己内心深深的挫折感打败，从此退出了国际象棋界。

挫折感的类型有以下几种：

1. 学业挫折感

学习是青少年的主要活动形式之一，在学习活动中产生的挫折感往往影响较深。长期处于学业挫折中，如达不到预期名次，不能考取理想分数等，极易使青少年丧失自信心，对学业

放弃努力,产生学业无力感。这种概念一经形成就很难改变,会让他们丧失对学业的兴趣,并将精力转向其他不良活动,以使自己获得某种有力感,从而得到心理平衡。这也就是学习成绩差的学生往往同打架等违犯学校纪律的行为有关联的原因之一。

2. 交往挫折感

交往是人获得归属与尊重所需的基本手段,也是一个人良好个性品质形成的重要途径之一。青少年更需要在交往过程中在同伴群体中获得归属感,掌握交往技能,完成社会化过程。人际交往方式主要有三种:同伴交往、亲子交往、师生交往。其中同伴交往是主要内容,交往挫折也往往在这方面产生,主要表现为没有稳定的友谊,在群体中没有良好的人际关系,经常与别人发生冲突等。长期处于这种挫折体验中,就会变得自卑、孤独、猜疑,甚至形成嫉妒、自私等不良个性,而这些不良个性反过来又会使人际关系变得更糟,从而影响青少年成年后的交往活动。

3. 自我价值实现过程中的挫折感

我们在集体活动中常常表现出对实现自我价值的强烈需求,并通过自己某一方面的才能为集体带来荣誉而获得这种自我价值实现的体验。但在实际活动中,影响成功的因素很多,个体往往不能如愿以偿,有时还适得其反,如在竞赛活动中失败等。这时有的同学就会产生强烈的挫折感,而且若这种挫折感不能得到及时调整,其就可能在以后的活动中表现出胆怯、缺乏自信、多虑等不良的性格特征,从而影响个体能力的发展

弱点一
意志薄弱——选择坚强，青少年要在挫折中捶打你的意志

及勇于进取等良好个性品质的形成。

4.由于家庭、学校等原因产生的挫折感

我们在心理上还不成熟，很容易受外界的某些原因影响而产生挫折感。家庭经济状况、家庭成员的不良行为、家庭中意外事件的发生都会使我们产生挫折感。另外，学校的级别、地理位置、社会声望、教师的水平等也会使我们产生挫折感，这也就是所谓的"校牌效应"。

虽然挫折会消磨我们的心志，但不可否认的是，挫折也有利于我们的成长。我们每经历一次挫折，都会从中获得经验和教训，心理上抵御挫折的能力和意志也会增强。我们一生中会经历无数次的挫折或失败，却也会在一次次的挫折中成长起来，逐渐变得坚强，所以千万不要惧怕挫折，而要勇敢地去面对它。

挫折只不过是湖中的一丝波纹，只要你坚持下去，它总会消失。

——孙世贤

测一测：你的抗挫折能力是强还是弱？

1.在过去的一年中，你自认为遭受挫折的次数是：

A. 0~2次　　　　B. 3~4次　　　　C. 5次以上

2.你每次遇到挫折：

A. 大部分自己都能解决

B. 有一部分自己能解决

C. 大部分自己都解决不了

3. 你对自己的才华和能力：

A. 十分自信　　　B. 比较自信　　　C. 不太自信

4. 你遇到问题时经常采用的方法是：

A. 迎难而上　　　B. 找人帮助　　　C. 放弃目标

5. 当令你担心的事发生时，你会：

A. 无法工作　　　B. 照样工作不误　　C. 介于A、B之间

6. 碰到讨厌的对手时，你会：

A. 无法应付　　　B. 应付自如　　　C. 介于A、B之间

7. 面临失败时，你会：

A. 破罐破摔　　　B. 转败为胜　　　C. 介于A、B之间

8. 工作进展不快时，你会：

A. 焦躁万分　　　B. 冷静地想办法　C. 介于A、B之间

9. 碰到难题时，你会：

A. 失去自信

B. 为解决问题而动脑筋

C. 介于A、B之间

10. 工作中感到疲劳时，你会：

A. 总是想着疲劳，脑子都不好使了

B. 休息一段时间，就忘了疲劳

C. 介于A、B之间

11. 工作条件恶劣时，你会：

A. 无法工作

弱点一
意志薄弱——选择坚强，青少年要在挫折中捶打你的意志

B. 能克服困难干好工作

C. 介于A、B之间

12. 产生自卑感时，你会：

A. 不想再工作

B. 立即振奋精神去工作

C. 介于A、B之间

13. 上级给了你很难完成的任务时，你会：

A. 顶回去了事

B. 千方百计干好

C. 介于A、B之间

14. 困难落到自己头上时，你会：

A. 厌恶至极

B. 认为是种锻炼

C. 介于A、B之间

评分标准：

1~4题，选择A、B、C分别得2、1、0分。

5~14题，选择A、B、C分别得0、2、1分。

测试结果：

19分以上：说明你的抗挫折能力很强。

9~18分：说明你虽有一定的抗挫折能力，但对某些挫折的抵抗力薄弱。

8分以下：说明你的抗挫折能力很弱。

测一测：你的挫折感和自卑感来自何处？

当你打开自家的大门正要外出散步时，突然撞到某人而使自己跌倒，你认为对方会是怎样的人呢？

A. 邻居小姐

B. 送报先生

C. 工地上的工人

D. 附近某个固执的老头

E. 很潮流的人

测试结果：

选A：表示你在和年轻女性的交往中常会感到力不从心。换句话说，就是在和异性交往过程中会产生挫折感。

选B：报纸刊载的是最新的情报、资讯，选择这个答案，表示在课业或知识领域里有着某种程度的挫折感。在意识中，你也许是个不愿用功的学生或不积极吸收新知识的上班族。

选C：表示你在意识中觉得自己的体力不如人。

选D：表示你是一个反权威和反道德的人，在道德感上一直承受压力。

选E：表示你是一个在身体或心理上已渐入中年者，且有跟不上潮流的挫折感。

弱点一
意志薄弱——选择坚强，青少年要在挫折中捶打你的意志

测一测：你怎样面对挫折？

人生总有开心与难过的时刻，开心的回忆当然好，但遇到挫折时，有些人就会一蹶不振，意志消沉。你觉得自己够坚强，抑或是难以对抗考验？假如你生病，要躺在床上休息，你认为你睡醒后睁开眼的那一刻，外面的天气会是怎样的？

A. 没有云的大晴天

B. 满天的云，但没有下雨

C. 狂风暴雨

D. 龙卷风

测试结果：

A. 鸵鸟政策

一遇到伤心事，你首先想做的就是暂时逃避。你无法在第一时间反应过来，喝少量酒或逛街是你会采用的缓解伤心的方法。

B. 内心坚强

你是一个很重感情的人，你会选择躲到没有人认识你的地方疗伤，回去后却能有效地解决难题，你视困难为磨炼。

C. 钻牛角尖

你是那种除非自己想通，否则别人再怎么说也不听的人。你只会拒绝跟别人沟通，宁愿孤立自己。

D. 强装坚强

虽然你也想以无事来掩饰自己的伤口，希望忘记痛苦，但一不小心碰到伤口，伤痛就会爆发！

我的责任我担当

砥砺前行，青少年要在困境中寻找力量

有些人缺乏承受挫折的能力，每遇到一点不如意或困难，都会沮丧、颓废、失去对生活的信心，甚至彻底被挫折打败。这时唯一能帮助我们的就是自己变得坚强起来，坚强地面对一切，做到即便遭遇灾难也能不动声色，坦然面对，坚强能产生强大的力量，帮助我们战胜挫折。

欧洲有位著名的女高音歌唱家，30岁便已享誉全球，而且拥有美满的家庭。有一年，她去邻国开个人演唱会，而这场演唱会的门票早在一年前就已经被抢购一空。

演出结束后，歌唱家和她的丈夫、儿子刚从剧场里走出来，堵在门口的歌迷便一下子全涌了上来，将他们团团围住。每个人都热烈地呼喊着歌唱家的名字，其中不乏赞美与羡慕的言语。

有人恭维歌唱家大学刚毕业就走红了，而且年纪轻轻便进入国际级的歌剧院，成为剧院里最重要的角色；有人恭维歌唱家25岁时就被评为世界十大女高音歌唱家之一；还有人恭维歌唱家有个腰缠万贯的大公司老板做丈夫，而且生了一个活泼可爱的小男孩……当人们议论纷纷的时候，歌唱家只是安静地聆听，没有做任何回应。

直到人们安静下来后，她才缓缓地开口说："首先，我要谢谢大家对我和我家人的赞美，我很开心能够与你们分享我的快乐。只是，我必须坦白地告诉大家，其实你们只看到我们风

弱点一
意志薄弱——选择坚强，青少年要在挫折中捶打你的意志

光的一面，我们还有一些不为人知的事情。那就是，你们所夸奖的这个满脸笑容的男孩，很不幸的是个哑巴。此外，他还有一个姐姐，是个需要长年被关在铁窗里的精神分裂症患者。"

上帝给谁的都不会太多，每个人来到这个世界上都不会一帆风顺，但是坚强的人经得起任何风吹雨打，他们不但不会轻易被灾难击倒，而且还有勇气和力量摘下成功的桂冠。

我们的一生中随时可能会碰到困难或挫折，甚至还会遭受致命的打击。而这时候，坚强的心态是铸造幸福的基石，我们要学会坚强地面对挫折。

有一个来自石家庄的女孩，尽管残疾，但身上所拥有的自信同样让她光彩照人。为了成为一名职业歌手，她坐着轮椅来到北京打拼。在任何一座大城市里，一个健全人的成功都是很艰辛的，更何况一个残疾人。

然而她的坚强却不允许她向命运认输，她现在已经是一名签约歌手。当记者采访她："上帝为什么要给你一个这样的命运？"她笑着回答："只是要我活得更艰难一点儿。"刚来北京时，她不得不在地铁站里唱歌以维持生计，她那嘹亮而高亢的歌声听起来就像是对命运的宣战。

后来，她的坚强不屈被一位电视台的主持人发现，于是她被请去录制节目。节目播出后，很快就有公司找她签约，她终于看到了希望的曙光。那一刻，坚强的她流下了幸福的泪水……

完美的生活是每个人都渴望得到的，然而我们所生活的世界却注定不完美。有善良的天使，也有可怕的魔鬼；有成功的

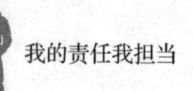

喜悦，也有失败的痛苦；有鲜花与掌声，也有失败与挫折。但是只要我们用自己的智慧和汗水去接受上帝的给予，用坚强的心去坦然面对挫折，成功之门总有一天会向我们敞开。

"二战"期间，一位名叫伊丽莎白·康黎的女士在庆祝盟军获胜的那一天收到了国际部的一份电报，她的侄儿——她最爱的人牺牲在了战场上。她无法接受这个事实，她决定放弃工作，远离家乡，把自己永远藏在孤独和泪水之中。

正当她清理东西准备辞职的时候，忽然发现一封早年的信，那是侄儿在她母亲去世时写给她的。信上这样写道："我知道你会撑过去。我永远不会忘记你曾教导我：不论在哪里，都要勇敢地面对生活。我永远记得你的微笑，像男子汉那样，能够承受一切的微笑。"她把这封信读了一遍又一遍，似乎侄儿就在她身边用一双炽热的眼睛望着她：你为什么不照你教导我的那样去做？

康黎打消了辞职的念头，一再对自己说："我应该把悲痛藏在微笑后面，继续生活。因为事情已经这样了，我没有能力改变它，但我有能力继续生活下去。"

坚强是一种品质，我们只有像磐石一般坚硬，才能经得起风雨的打磨。坚强也是一把双刃剑，多则盈，少则亏。少了坚强做伴的人，或是唯唯诺诺，没有自我；或是哀哀怨怨，陷在一些可大可小的事里，挣扎在一段越理越乱的感情里不能自拔。总而言之，我们要活得有自我，能够战胜挫折，坚强的心态是第一要素。

弱点一
意志薄弱——选择坚强，青少年要在挫折中捶打你的意志

其实挫折对我们的成长来说，既是一种挑战，也是一种机遇，这要看我们如何对待它。首先我们应该清楚的是每个人由于自己能力的限制、客观条件的限制，做任何事情不可能总是成功的，挫折在所难免。因此，当我们遇到挫折的时候，不要怨天尤人，也不要自怜自惜，认为自己一无是处，更不要一遇到挫折就垂头丧气，一蹶不振。这种做法只会使自己成为永远的失败者。既然挫折在所难免，那么当我们遇到挫折的时候，就一定要冷静，要坚强。更重要的是要学会梳理自己，也就是要分析失败的原因，找到失败的原因之后再考虑下一步怎么办，然后重整旗鼓，为下一次挑战做准备。比如，当考试没考好时，不要只纠结于分数，关键要分析是什么原因导致这次考试失败。如果是因为自己没有用功，没做充分的准备而没考好，那下一次考试前，做好充分准备就是了；如果自己尽了最大的努力，但还是有不会做的题，还是没考好，这时候也不要只是一味地否定自己，特别是不要用"我真笨"这几个字来否定自己，因为这三个字对自己的自信心无疑是一个致命的打击。一个人永远不要自己打击自己。这次不会的题，通过问同学或老师，弄懂了就是收获。我们是学生，总会有不懂的问题，而且即使再有学问的人，也会有不知道的东西。要记住：凡事尽力皆无悔！

我们已经清楚了，面对挫折时重要的是应该分析失败的原因，以便日后面对新的挑战和困难。但是我们也知道，一个人如果总是遇到失败和挫折，这无疑对他的自信心是一个沉重的

打击。那么这就需要我们在平时有意识地提高自己的能力，尽可能地挖掘自己的潜能，这样就可以为自己的成功打下良好的基础。而每一次成功的体验，不管大的成功还是小的成功，都会增强信心。所以，从小事做起，积累一些小成功，这样我们就会去尝试更具挑战性的事情，更会在激烈的竞争中和困难的情况下，锻炼和提高自己的能力，形成良性循环。而成功的体验和较强的能力将使我们在面对挫折时不至于不知所措、灰心丧气，从而失去希望和继续努力尝试的信心。

每个人对挫折的耐受力是不同的，即个体经受打击或挫折的能力各有所异。挫折的耐受力不仅可以通过学习和锻炼获得，还可以在战胜坎坷后得到提升。那些经过坎坷较多的人面对挫折时往往能够从容应变，而生活阅历浅的人应付挫折的能力则较差。面对挫折，我们不妨采用以下几种方式：

（1）要认识挫折是现实生活中的必然现象，是难以避免的。挫折是个人人格发展中不可缺少的。有了这样的认识，就等于有了面对挫折的心理准备。当挫折发生后，我们就能积极地面对它。

（2）通过重新努力来达到原来的目标。爱迪生发明灯泡不也经过了上千次的失败吗？

（3）当一种方法受到客观因素或社会道德规范的限制而难以实现时，我们不妨寻求其他可行的、社会规范所允许的方法去实现目标。这是一种变通。

当一个目标不能实现或遭遇失败，可考虑用另一种相似的

弱点一
意志薄弱——选择坚强，青少年要在挫折中捶打你的意志

目标代替原来的目标，以抵消因挫折产生的紧张与情绪反应。例如高考失败后可以边找工作，边学习，通过自修、函授、职业大学等来实现自己学习知识、掌握技能、提高个人素质、充实生活的需要。

然而，最重要的是我们要在挫折中保持一种良好的情绪状态，在坚强不屈的精神状态下健康成长。

人性闪光点

坚强是一种品质，我们只有像磐石一般坚硬，才能经得起风雨的打磨。坚强也是一把双刃剑，多则盈，少则亏。总而言之，我们要活得有自我，能够战胜挫折，而坚强的心态是第一要素。

弱点二

逃避责任
——主动承担,青少年绝不做逃避的懦夫

本质分析:

逃避是一种保护,就像逃避暴雨、火灾、冰寒、闷热一样,这种心理让持续的疲惫、紧张、烦闷有了一个喘息的机会。但这种盲目的自我保护却常常只是图一时的宽心,并没有真正地解决问题。

实际表现:

(1)很容易因他人的批评或不赞同而受到伤害。

(2)除了至亲之外,没有好朋友或知心人(或仅有一个)。

(3)除非确信受欢迎,否则一般不愿卷入他人事务之中。

(4)行为退缩,对需要人际交往的社会活动或工作总是尽量逃避。

(5)心理自卑,在社交场合总是缄默无语,怕惹人笑话,怕回答不出问题。

(6)敏感羞涩,害怕在别人面前露出窘态。

（7）在做那些普通的但不在自己常规之中的事时，总是夸大其潜在的困难。

逃避毫无意义，不如选择大胆面对

从心理学的角度来讲，"逃避"是一种普遍的心理现象。比如遇到问题时，下意识地逃避责任；学习不顺心时，会不想上学；不喜欢某人时，宁愿绕远路；付出心血而没有成功的事情，会不愿意再提起。逃避是一种保护，就像逃避大雨、火灾、冰寒、闷热一样，这种心理让持续的疲惫、紧张、烦闷有了一个喘息的机会。但这种盲目的自我保护却常常因为个人的短见而毁了自己，逃避只是图一时的宽心，并没有真正地解决问题。

有一种人为了逃避责任，在问题面前不作任何决定，事事都请教别人。一旦出现差错，他们就会理直气壮地说，是别人让他这么做的，言外之意是一切责任都应该由别人承担。持有这种观点的人是非常可笑的。

凯玛特和沃尔玛是同一年成立的零售商店，凯玛特很快就做到了全美第一。然而经过40年的较量，沃尔玛最终战胜了凯玛特，成为位居全球500强首位的公司，凯玛特却被迫申请破产保护。一个广为流传的关于凯玛特的故事折射出了其中深层的原因。

1990年在凯玛特的一次总结会上，一位高级经理认为自己

犯了一个"错误",他向坐在身边的上司请示。这位上司不知如何回答,又向上请示,而上司的上司又转过身向上询问。这样一个小小的问题,一直问到总经理帕金那里。这位高级经理回忆说:"真是可笑,没有人发表意见,直到最高领导发话。"

怕承担责任而不作任何决定,最终葬送了一个公司。其实,一个人在生活中犯错是很正常的事情。一时出现差错并不可怕,可怕的是不敢承认错误,总找借口推卸责任。一个人惧怕承担责任,就不会有勇气提高自己的能力,更不会积极寻找解决问题的方法,从而改正错误并更好地完成任务。殊不知,承认错误并改正错误,也是负责的表现。只要你勇于承认错误,积极改正错误,将损失减少到最低,别人也会原谅你。因为金无足赤,人无完人,谁都不能保证自己不犯错误。

我们常常对承认错误和担负责任怀有恐惧感,因为承认错误、担负责任往往与接受惩罚相联系。人们通常愿意对那些运行良好的事情负责,却不情愿对那些出了差错的事情负责。有些不负责任的人在事情出现问题时,首先考虑的不是自身的原因,而是把问题归罪于外界或者他人,总是寻找各式各样的理由和借口来为自己开脱,选择逃避。然而逃避并不能掩盖已经出现的问题,也不会减轻你所要承担的责任,更不会让你把责任推卸掉。所以我们要勇于为自己的错误埋单,为自己的行为负责。

缺乏责任感的人做事难免会失误,与其为自己的错误找借口,倒不如坦率地承认。一味地敷衍搪塞,推诿责任,找借口

弱点二
逃避责任——主动承担，青少年绝不做逃避的懦夫

为自己开脱，不但不会得到别人的理解，反而会产生更大的负面作用，让别人觉得你缺乏责任感，不愿意承担责任。我们都知道，没有人能做得尽善尽美。但是，如何对待已经出现的问题，能体现出一个人是否能够勇于承担自己的责任。

你是否在生活中一遇到困难就千方百计寻找借口逃避责任？逃避虽然可以让我们一时推卸掉责任，但是却因此给他人留下了不好的印象。

从前，有一个小铁块，原本一直过着快乐安逸的日子。这天它的主人突然把它丢到火里了，它热得好难受，便对火焰说："火焰大哥，可不可以稍微降低一点您的温度呢？"火焰经不起铁块的叫喊，最后只好答应降低温度。

不久，铁块被人从火堆里取出放在钢板上，并开始被铁锤一下一下地重重敲打。它又受不了了，于是再度开口："可否将您捶打的速度再放慢一点，敲打的力量再轻一点，让我少受点苦呢？"铁锤也经不住铁块的苦苦哀求，也答应照做。

最后，铁块在经过没多少锻炼的情况下出了工厂。可是没过多久，它就满身铁锈地回到原厂。

当它再次看到工厂一角的火焰与铁锤时，不禁感慨："现在我才了解，生命中有一些过程是不容逃避的，逃避了它们，生命也将随之腐朽。"

在困难面前消极逃避，我们自然不会成长，长此以往，执行力也将大打折扣。只有迎难而上，积极应对，认真分析问题，找出解决的方法，并坚定不移地执行下去，才是正确的生

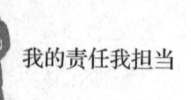

活态度。当然，这需要我们花费很大的精力。在一次又一次攻克难关的过程中，我们会积累起丰富的实践经验，个人的执行力自然会随之提高。同时，你的自信心也会不断增强。当你坚信有能力克服一切困难时，你就不会再找借口推卸责任了。

人生总是会遇到许多挫折、失败，这是难免的，但面对的态度如何是关键，逃避不一定躲得过，面对不一定最难过。

——杨致远

测一测：遇到突发状况，你是不是个会逃避的人？

1. 与人约会，你通常准时或稍稍有意识地提前赴约吗？
2. 你认为自己是可靠而值得托付重任的人吗？
3. 你会定期或不定期地储蓄吗？
4. 发现朋友侵犯了集体利益，你会向老师通报吗？
5. 出外旅行，找不到垃圾桶时，你会把垃圾一直带在身上吗？
6. 你经常运动以保持身体健康吗？
7. 你不吃垃圾食品、脂肪过高和其他有害健康的食物或快餐吗？
8. 你永远将正事（如学习等）列为优先，然后再进行其他休闲活动吗？
9. 你从来没有错过任何选举或者需要发表主观看法的机会吗？
10. 收到别人的邮件或信，你总会及时回复吗？
11. "做一件事情时要尽力把它做好"，你认为这句话对吗?

12.约会时,你从来不会耽误,即使自己生病时也不例外吗?

13.你曾经犯过法吗,即使一直没人追究?

14.小时候,你经常帮家里人做家务吗?

15.你经常拖延事情、不能按时交差吗?或者出于各种原因想这样做。

评分标准:

1~11、14题选择"是"得1分,选择"否"得0分。13、15题选择"是"得0分,选择"否"得1分。

测试结果:

10~15分:你是个非常有责任感的人。你行事谨慎,懂礼貌,为人可靠,并且相当诚实。你所经手的事,别人通常都会很放心。即使你不想做某事了,也会把相应的事务交代得很清楚,不会逃避。

4~9分:大多数情况下,你较有责任感,只是偶尔有些率性而为,考虑得不是很周到。有时你可能只考虑到自身眼前的利益,而造成日后的很多遗憾。

3分以下:你是个完全不负责任的人。你一次又一次地逃避责任,导致每件事情都干不好。这样你的状况不会很好,建议你正确地给自己定位,然后坚持去做某事,否则你终会一事无成。

测一测：你是个不负责任的人吗？

参观一家精致的小工艺品店时，你觉得某样东西很漂亮，所以伸手去摸了一下，结果不小心把它弄坏了一点点。你发现老板没注意到，因此装作没事离开了那家店。那么弄坏的那一点是以下哪个选项呢？

A. 瓷器娃娃的手指断了一根

B. 把一罐漂亮的星沙弄倒了

C. 泼了一点点饮料在椅垫上

D. 花瓶里的玫瑰花掉了一朵

测试结果：

A. 你觉得天塌下来反正有高个子顶着，别人比你能干多了，有事最好不要找你。即使自己惹上麻烦，也会认为船到桥头自然直，不会那么衰吧！

B. 神经大条的你丢三落四，记性超差，常常自己闯祸都不知道，又怎么会负责任呢？因此你不是故意逃避责任，而是脑袋里压根儿想不起这回事。

C. 你相当有责任感，大家都觉得你是个正直而可靠的人。不过你也不会死脑筋地将所有事情都往你身上揽，如果有人随便将责任推给你，你也会说"不"的！

D. 你非常认真而且负责，不过得失心也很重。只要事情不如预期，即使与你无关，也常常认为都是自己的错，搞得身边的人也因此神经紧张。

弱点二
逃避责任——主动承担，青少年绝不做逃避的懦夫

勇于承担责任，青少年不做懦夫

章文和于强新到一家速递公司，成为工作搭档，他们工作一直都很认真努力。老板对他们很满意，然而一件事却彻底改变了老板对他们的态度。一次，章文和于强负责把一件大宗邮件送到码头。这件邮件很贵重，是个古董，老板反复叮嘱他们要小心。可到了码头，章文把邮件递给于强的时候，于强没接住，邮包掉在地上，古董碎了。

老板对他俩进行了严厉的批评。"老板，这不是我的错，是章文不小心弄坏的。"于强趁着章文不注意，偷偷来到老板办公室对老板说。老板平静地说："谢谢你，于强，我知道了。"随后，老板把章文叫到了办公室。"章文，到底怎么回事？"章文就把事情的原委告诉了老板，最后章文说："这件事情是我的失职，我愿意承担责任。"

章文和于强一直等待处理的结果。老板把章文和于强叫到了办公室，对他俩说："其实，古董的主人已经看见你俩在递古董时的动作，他跟我说了他看见的事实。还有，我也看到了问题出现后你们两个人的反应。我决定，章文，你留下来继续工作，用你赚的钱来赔偿客户。于强，你明天不用来工作了。"

千万不要利用各种方法来逃避自己的过错，从而忘却了自己应承担的责任。人们习惯于为自己的过失寻找各种借口，以为这样就可以逃脱惩罚。有些人总是强调，如果别人没有问题，自己肯定不会有问题，于是借机把问题引到其他

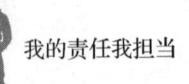

人身上，以减轻自己的责任，这都是不对的。正确的做法应该是，承认它们，分析它们，并为此承担起责任，把损失降到最低点。面对过错，更重要的是利用它们，让人们看到你如何承担责任，如何从过错中吸取教训。拥有这种态度的人才会被别人尊重。

"影子真讨厌！"小猫咪咪和小花都这样想，"我们一定要摆脱它。"

然而，无论走到哪里，咪咪和小花都发现，只要一出现阳光，它们就会看到令它们抓狂的自己的影子。

不过，咪咪和小花最后终于都找到了各自的解决办法。咪咪的方法是，永远闭着眼睛；小花的办法则是，永远待在阴影里。

从这个寓言故事中，我们可以看到一个小的心理问题是如何变成大的心理问题的。可以说，一切心理问题都源自对事实的逃避。什么事实呢？主要是那些令我们痛苦的负性事件，我们不愿意去面对那些痛苦的体验。但是，一旦发生过，这样的负性事件就注定要伴随我们一生，我们能做的，最多不过是将它们压抑到潜意识中去，这就是所谓的逃避。

但是，它们在潜意识中仍然会发挥作用。哪怕我们将事实遗忘得再迅速，这些事实所伴随的痛苦仍然会袭击我们，让我们莫名其妙地伤心难过，而且无法抑制。

发展到最后，通常的解决办法就是：要么，我们像小猫咪咪一样，彻底扭曲自己的体验，对生命中所有重要的负性事实都视而不见；要么，我们像小猫小花一样，干脆投靠痛苦，把

弱点二
逃避责任——主动承担，青少年绝不做逃避的懦夫

自己的所有事情都搞得非常糟糕，既然一切都那么糟糕，那让自己最伤心的原初事件也就不那么让人痛苦了。

一个最重要的心理规律是，无论多么痛苦的事情，我们都不能逃避。我们要勇敢地去面对它、化解它、超越它，最后和它达成和解。如果你自己暂时缺乏力量，你可以寻找亲友的帮助，或寻求专业人士的帮助，让你信任的人陪着你一起去面对这些痛苦的事情。

在现实生活中，我们随时随地都可以感受到责任的存在，但却很少看到有人主动地去承担它，而听到最多的却是"这不是我的错""它本来就是这个样子的，我也无能为力""我家里有事，所以……"等，推脱的辞令。趋利避害是人的本性所决定的，这可以理解，但有些人不仅不承担本应由自己承担的责任，还将它推给别人，要别人对自己的责任埋单，"这是他做的""我当时就提醒他了""他说是要这样做的"，在责任面前永远都是"他"。

其实，在责任面前任何狡辩都是徒劳，因为责任必须有人承担，即使你花言巧语，可以一时蒙蔽别人的眼睛，而侥幸逃脱，可是真相最终是要浮出水面的。

当真相最终摆在面前的时候，你颜面何存？面对千夫所指，你尊严又何在？这时你所承受的责任可就不仅仅是过失，而是对责任的逃避。那么为什么一开始你不给自己一个改过自新的机会呢？爽快地告诉大家"我错了，我对此事负责"，可能一时你会被错误压得喘不过气来，但是你无须抱怨，因为那

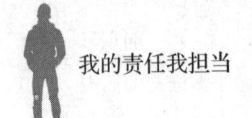

是你应得的,可是你拾获的却是尊严、人格。你可以坦诚地面对大家,因为你不曾亏欠任何人,你无须承担任何心灵上的压力或者是谴责,坦坦荡荡,何其开阔;不用把自己逼到一个阴暗的角落,窥视着世人的眼光。

生活中的事情没有尽善尽美的。每一天,我们都可能会遇到麻烦。有时你就会想:"为什么倒霉的又是我呢?"你犯了错误、判断失误、记错事情、受人干扰分了心,你没办法做到无所不知,因而有时会在常识方面有所欠缺。诚然,有许多在所难免的错误可以澄清、解释并改正,但是在应当承担责任时却编造借口以逃脱惩罚是万万不可取的。如果指责无关痛痒,人们就不必为那些小小的失误或错误行为解释开脱了。

但是,指责往往会引起不快和惩罚。为了避免这些不快与惩罚,许多人想尽办法逃避责任,比如转移批评、推卸责任、文过饰非等。有些人在逃避指责时,经常会含糊其辞,或者故意隐瞒关键问题,或者干脆靠撒谎来逃脱批评与惩罚。

如果是这样,你就应该勇敢地为自己的行为负责。你作出决定,就理应承受相应的责备与赞扬。但是有时,人们在作决定时确实会受到种种客观情况的干扰:比如信息不通、缺乏常识、时间紧迫或者精神不够集中等。当然,如果你真是无辜的,你便能够通过事实、证据和逻辑驳斥对你的指责。但是,如果你真的有责任,就应该接受别人的责备,为自己的错误埋单,这样你才能真正地成长。

责任是一种障碍,如果没有人承担,它就会永远横在前

弱点二
逃避责任——主动承担，青少年绝不做逃避的懦夫

行的路上，阻碍我们前进。与其推来推去，找人来承担，让时间、精力白白地浪费，不如担起责任，这样别人会佩服你的勇气，欣赏你的果敢。在同等条件下，你的机会就会比别人多很多。如果我们对责任认真，责任也同样会对我们认真。责任除了带给我们尊重、机会外，还带给我们人生的经验。

对于责任的承担，其实是我们生存的义务。从你呱呱坠地的那一刻起，你就开始肩负着生命的责任，成长、进步、付出、收获等。面对责任，我们就应该勇于说出"我来承担"四个字。或许有人说责任太苦，可是我要说，那是因为你把生活想得太甜，你错误地理解了生活的含义。在我看来，你没有承担责任之前，没有付出之前，生活应该是苦的。

很多人不喜欢听"因为"两个字，因为在"因为"之后跟的总是理由。但事实上，人们所讨厌的不是"因为"两个字，而是"因为"出口后的那种逃避的态度，编造借口，博取同情，免受处罚，然后自鸣得意。这种态度是非常危险的，一旦这种编造借口逐渐习惯成自然，撒谎的技巧便渐趋熟练了，你也就积习难改了。这其实也是一条不归路，因为从你开始编造那一刻起，你就很难再有其他的选择了。你将不会自我完善，犯过的错误依然会再犯；你将不会得到别人的谅解，因为你没有诚信；你将辜负同事对你的信任，因为你曾经的欺骗。所有的后果、恶果都会接踵而来，因为你不敢承担责任，因为你是懦夫！太多的因为，太多的借口，会让你陷入其中无法自拔。所以在责任面前，能承担就承担，不要讲理由；不能承担，讲

我的责任我担当

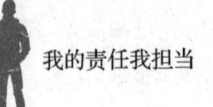

再多的理由,也无济于事,这样只会降低你的人格,贬损你的自尊!先别愤恨、逃避生命中所遭遇的困境,它们也许将为你打造出不同凡响的人生!

人性闪光点

责任是一种障碍,如果没有人承担,它就会永远横在前行的路上,阻碍我们前进。与其推来推去,找人来承担,让时间、精力白白地浪费,不如担起责任,这样别人会佩服你的勇气,欣赏你的果敢。在同等条件下,你的机会就会比别人多很多。如果我们对责任认真,责任也同样会对我们认真。责任除了带给我们尊重与机会外,还带给我们人生的经验。

弱点三

自闭羞怯
——大胆交往，青少年绝不能孤芳自赏

本质分析：

　　自闭是一种常见的心理状态，通俗地解释，就是自我封闭。有些青少年朋友总是自己把自己关起来，不愿见人，不愿交际，这是一种内心软弱的表现。这种人不能面对现实，总是用逃避的方式来对待自己的人生，就像把头埋在沙漠里的鸵鸟一样。其实每个人都有自己的才华，羞怯自闭的心理只会埋没我们的杰出才华，毕竟美丽需要有人欣赏。自闭的朋友们，请敞开你们的心扉，大方自信地展现你们的美丽，这样才会真正地走向成熟。

实际表现：

　　（1）对外界事物不感兴趣，不大注意别人的存在。

　　（2）不喜欢与人目光接触，不愿意主动与人交往、分享或参与集体活动。

　　（3）在与群体相处方面，模仿力较弱，缺乏合作性。

（4）说话速度很慢，与人沟通有困难。

（5）坚持自己的某些行事方式和程序，拒绝改变习惯和常规。

（6）兴趣范围狭窄，行为刻板重复，强烈要求环境维持不变。

（7）比较容易受情绪或环境因素的刺激，表现冲动或有伤害性的行为。

（8）有强烈的自尊心、自卑感和虚荣心。

（9）没有明确的目标，没有人生理想，道德观念差，缺乏责任感。

自闭只会让花季少年失去颜色

心理学专家认为，封闭心理是指一个人把自己和外界隔绝，很少与其他人打交道，除了必要的生活、学习以外，大部分时间都是把自己关在家里，不与外界往来。这种不愿见人、不愿交际的表现，是内心软弱的证明。这种人不能面对现实，总是用逃避的方式来对待自己的人生，就像把头埋在沙漠里的鸵鸟一样。

青春期是最容易产生和形成自闭心理的一个时期。这个时期的青少年对周围的事情最敏感，最容易情感波动，且又无法控制自我。如果这时他们受到了打击，就会对现实生活产生不信任感和恐惧情绪，把自己和外界隔绝开来，不与别人密切交

弱点三
自闭羞怯——大胆交往，青少年绝不能孤芳自赏

往。其实自闭心理与消极的自我暗示有关系。有些青少年由于身体有某些缺陷，于是十分关注自己的形象，这种心理暗示使得他们特别在意别人的目光和评价，发展到最后便害怕与人交往。

自闭心理一旦产生，就会让青少年朋友对周围的一切产生抵制情绪，他们会在自己幻想的世界中寻找安全感。有时，适度的自闭能帮助人们重新认识自己，使自己变得更加成熟。然而也有些心理软弱的人，一辈子都走不出自闭的阴影，他们不愿与人多交谈，也不愿别人来了解他，他们就像一只蜗牛，稍有意外情况发生，就把自己缩进硬壳里来逃避。

同时，过度的自闭会阻隔与社会的沟通和交流，使青少年的认知面变得狭窄，情感变得淡漠，所以有自闭心理的青少年要尽快调整自己的心态。

有一位贵妇人修建了一座大型的花园。这座花园又宽阔又漂亮，吸引了许多游客，他们无所顾忌地跑到花园里游玩。小孩子在花丛中追赶蝴蝶，年轻人在草坪上翩翩起舞，老年人则坐在池塘边上悠然垂钓，甚至有人在花园中支起帐篷，准备享受一下浪漫的仲夏之夜。贵妇人见这些游客不请自来，在自己的花园里快乐得忘乎所以，就非常愤怒，于是叫仆人在花园门外挂上一块牌子，上面写着："私人花园，未经允许，请勿入内。"可是这样也不管用，那些人还是成群结伙地来到花园里游玩。

后来贵妇人想了一个办法，她吩咐仆人取下花园门外的牌

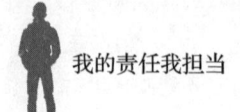

子,又换上一块新的,上面写着:"花园的主人欢迎各位来此游玩,但是花园草丛中潜伏着毒蛇,请大家注意安全。"

这真是一个好办法。看到牌子后,所有游客对此花园望而生畏,没有人再去欣赏那美丽的景色了。几年后,这座曾经美丽的花园,因为走动的人少而变得杂草丛生、毒蛇出没,真的是荒芜了。而寂寞孤独的贵妇人空守着她不再美丽的花园,反倒特别怀念当初很多人游玩的时光,至少那时她的花园是那么的美丽。

我们每个人心中都有一座美丽的花园,芬芳美丽的花朵正是我们每个人值得骄傲的优点。但是自闭的心理犹如一道紧锁的大门,无情地隔绝了我们与他人的交流,这是很可悲的。在花朵中采蜜是蜜蜂的快乐,而将蜜汁送给蜜蜂也是花的快乐。人的交流是相互的,如果我们愿意包容别人,打开自闭的大门,那么就会有更多的人欣赏我们的美丽,我们也会因此变得更加快乐。

一个完全以自我为中心的世界,犹如一颗陨落的流星,连一分热也不会留下来。

——罗曼·罗兰

测一测:你的自闭指数是多少?

1. 突然回到以前的学校,老师要你写一篇完整详细的自传,你觉得要写多少字呢?

A. 应该会写五百字左右

B. 应该会写三百字以内

弱点三
自闭羞怯——大胆交往，青少年绝不能孤芳自赏

C. 对文字数量没有概念，难以掌握

D. 应该会超过五百字很多

2. 如果在一个月内必须减肥，你会采取下列哪种节食方法？

A. 能忍就忍，一天未必要吃到三餐

B. 三餐都尽量吃水果青菜

C. 会以计算热量的方式吃

D. 吃是其次，应该从运动入手

3. 你住的五层公寓不幸发生火灾，而你住在四楼，你在第一时间会有何行动呢？

A. 往自家阳台跑

B. 往顶楼跑

C. 先想到找水或者找灭火器

D. 往一楼跑

4. 如果你的外表能有一种改变，你会希望拥有什么？

A. 超美的放电眼睛

B. 超白皙的全身皮肤

C. 超标准比例的美腿与美臀

D. 超优的上半身身材

评分标准：

选"A"得4分；选"B"得3分；选"C"得2分；选"D"得1分。

测试结果：

4～6分：自闭指数18%

就算是个外星人出现在你面前，恐怕你也能上前聊上几句。自闭对你来说真的很难理解，因为开朗活泼的你喜欢与人互动，而且无法忍受活在只有自己的世界里。你像一台会自动发电的广播器，没有人理会，你也能够自得其乐。

7～9分：自闭指数42%

如果非要下个定论，那么只能说你是个"合群"的人。其实你对与人互动很有自己的一套，只要想聊就绝对找得出话题。但是在内心深处你却经常觉得麻烦，对于没有兴趣的事情，还要客套几句表现诚意，这种行为实在让你难以忍受，但结论是，你还会继续这样下去。

10～12分：自闭指数72%

你很安静，但是并不是完全不理会别人的态度，只是如果没有必要的话，宁愿低调地过自己的生活。你和别人有着非常与众不同的思维逻辑，所以很容易对沟通这档子事情感到无聊。尽管偶然遇到万里寻一的同道中人，会忍不住叽里呱啦几句，但那也是极少发生的。

13～16分：自闭指数91%

看看你的朋友们，是不是正在聊着你搞不清楚的话题？是的！就算是热闹的聚会，你也能忽然就飞到没人理解的空间，常常会成为人群里的幽灵。你属于自闭指数高危的人哦！

弱点三
自闭羞怯——大胆交往，青少年绝不能孤芳自赏

展现自我，每个少年都要大方自信

避苦求乐，是人性使然，谁都想活得安逸一点。面对困难，选择自闭也是很正常的，但是青少年朋友们要想明白，你真的要这样活一辈子吗？

羞怯自闭是一种内心软弱的表现，青少年朋友要正确地认识自己，了解自己的优势与不足，学会扬长避短有助于形成自己独特的自信心。人都是不断变化发展的，自闭只能阻碍我们前进的脚步，并不能帮我们改变现状。我们需要不断地更新、完善对自己的认识，才能使自己变得更完美。大方自信地展现自己，你才会有所进步，才会得到别人的赞同。

小兰是一个很羞怯自闭的初三学生，每天上课时，她都听老师有板有眼地讲课。周围的同学接二连三地站起来回答问题——或者因成绩优异而回答难题，或者因基础太差而被抽背概念。唯独她一直坐着，她觉得自己被关进了老师视线的死角。

下课了，小兰又听见同学们聚在一起闲聊。有羡慕某位漂亮女生新裙子好看的，有愤愤不平于自己绰号不雅的，也有为某个问题而激烈争论的……热闹而又温馨。但是她没有加入其中，好像她被无意间关进了同学们注意的死角。

于是，小兰渐渐学会享受没有对话的生活。每天她都告诉自己，春天里的桃红柳绿并不属于她，她像月亮一般寂寞、孤独。

一年一度的艺术节到来了，语文老师极力推荐小兰参加一

个诗歌朗诵的节目，声称发现了一首很适合她的小诗。小兰本不情愿，但还是好奇地看了看那首小诗：

"你站在桥上看风景，看风景的人在楼上看你。

明月装饰了你的窗子，你装饰了别人的梦。"

不知为什么，小兰真的被它吸引住了，于是欣然接受。接着，便是投入地练习。语速、语音、语调，眼神、表情、手势，如此反反复复。

演出那天，小兰站在高高的舞台上，望着台下的同学们穿着明艳的春装，与校园里的桃红柳绿相映衬，是那么鲜亮、明朗。她忽然有一种特别的感觉，其实她并不是孤独的。于是，小兰笑了，嘴角有了新月的弧度。她饱含激情地朗诵着……

掌声响起来，小兰看到笑容如花朵般的笑容在语文老师的脸上绽开，在每一位老师和同学的脸上绽开。早春的阳光洒在身上，暖暖的。在这经久不息的掌声中，小兰终于明白：只要你能打开自己心中紧闭的那道门，那么你的美丽就会有人来欣赏。

就像小兰想到的一样，我们只有自己先向世界展示自己的才能，才会得到别人的赞赏，自闭只能让我们的美丽干涸在自己的心中。自闭是人性的一个弱点，它让青少年对自己失去信心，找不到奋斗的目标，逐渐消磨了他们内心的意志，这是很可怕的。我们要克服自闭，就要从培养自身的自信开始。

要克服自闭的心理，首先要有足够的自信心，要正确评价自己。在日常学习和生活中，应多考虑我要怎么做，要如何进

弱点三
自闭羞怯——大胆交往，青少年绝不能孤芳自赏

取；在各种场合，要顺其自然地表现自己，不要总是考虑别人会怎样看待自己或自己要怎样迎合别人。青少年朋友要相信自己在别人心目中的形象并不差，而别人也不是十全十美的，自己是一个同别人一样有思想、有性格、有自尊的独立、完整的人，甚至在某些方面还会强于他人。

自闭的人不喜欢和别人交往，那么为了克服这个弱点，青少年朋友要勇于去和别人交往。不要惧怕他人，要勇敢地用眼睛看别人，并且表现得很专心。一定要克服总是回避别人的视线，只是盯着一个地方或是自己脚尖的习惯。你和对方同处一个地位，为什么不拿出点自尊来，大胆而自信地与之交往呢?

在学习和生活中，青少年朋友要学会克制自己的自闭情绪，凡事尽可能往好的地方想，多看积极方面，少看消极方面。对自己的弱点不要过分注意，要多想自己的长处，相信自己，这样就不会畏首畏尾了。

如果一个人从来就没有失败过，那么他基本上是自信的，不自闭的。但是，人多少都会遇到挫折，都会遭遇失败，而挫折和失败使人无法达到要求，这时那些软弱的人就会自闭起来。由此可见，自信与自闭之间是此消彼长的关系，自信多一点，自闭就少一点；反过来，自信少一点，自闭就多一点。

青少年朋友要做到，永远不要无缘无故把自己说得一无是处。也许你有做错事的时候，如说错话，但这并不表示你是笨拙的；也许你有缺点，如眼睛小，但也没必要认为自己目光短浅、丑陋。你要主动去了解自己的优点和缺点，这样你就

会发现自己的优点比缺点多，才能发挥自己的优点，克服自己的缺点。

其实自信就这么简单——正确地看待自己，大声说话，看着对方，让别人注意自己，把自己的优点大方地展现在别人面前。这样你所收获的就不只是自己心灵花园的芳香，还会有别人赞赏的目光。当我们自信了，敢于向别人展现自我了，我们就会像天边的启明星一样，绽放出耀眼的光芒。

人性闪光点

羞怯自闭是一种内心软弱的表现，青少年朋友要正确地认识自己，了解自己的优势与不足，学会扬长避短有助于形成自己独特的自信心。人都是不断变化发展的，自闭只能阻碍我们前进的脚步，并不能帮我们改变现状。我们需要不断地更新、完善对自己的认识，才能使自己变得更完美。大方自信地展现自己，你才会有所进步，才会得到别人的赞同。

弱点四

过度依赖
——自立自强，少年要尽早靠自己的双脚走路

本质分析：

有依赖心的人本质上就是懒惰的人。大多数有依赖心的人都是没遇到过挫折的，所以有很多事情都不会做。过分依赖他人会使我们难以融入社会，也会妨碍我们健全人格的发展。如果凡事都依靠父母和他人的帮助解决，我们永远也长不大。因此我们要尽可能做些力所能及的事情，培养自己动手的习惯，让自己变得自强自立。

实际表现：

（1）在没有得到他人大量的建议和保证之前，不能对日常事物作出决策。

（2）总是感觉很无助，让别人为自己作大多数的重要决定，如该选择什么职业等。

（3）明知他人错了，却随声附和，因为害怕被别人遗弃。

（4）无独立性，很难单独展开计划或做事。

（5）过度容忍，为讨好他人甘愿做低下的或自己不愿做的事。

（6）独处时有不适和无助感，或竭尽全力以逃避孤独。

（7）当亲密的关系中止时，会感到无助或崩溃。

（8）很容易因未得到赞许或遭到批评而受到伤害。

凡事靠自己，不要依赖任何人

依赖别人，意味着放弃对自我的主宰，这样往往不能形成自己独立的人格。依赖心理主要表现为缺乏自信，放弃了对自己大脑的支配权。依赖性强的人往往没有主见，总觉得自己能力不足，甘愿置身于从属地位。他们总认为个人难以独立，时常祈求他人的帮助，处事优柔寡断，遇事希望父母或师长替自己作决定。

依赖性强的学生喜欢和独立性强的学生交朋友，希望在他们那里找到依靠，找到寄托。在学校，他们喜欢让老师给予细心指导，时时提出要求，否则他们就像断线的风筝，没有着落，茫然不知所措；在家里，他们一切都任凭父母摆布，甚至连穿什么衣服都没有自己的主张和看法。一旦失去可以依赖的人，他们常常会不知所措。依赖性过强的人需要独立时，可能对正常的生活、工作都感到很吃力，内心缺乏安全感，时常感到恐惧、担心，很容易产生焦虑和抑郁等情绪反应，影响身心健康。

天空中飘着几只五颜六色的风筝，鸽子们看了很害怕，不敢出去，于是向老鹰求助，请它当保镖。然而老鹰进入鸽舍后，灾难发生了。一天之内，老鹰咬死了许多鸽子。这时鸽子

弱点四
过度依赖——自立自强，少年要尽早靠自己的双脚走路

才知道，风筝虽然看起来可怕，却不会伤害它们。

鸽子想依赖老鹰的保护，却没想到竟成为老鹰的食物。由此可见，自立自强最重要，外力是不值得我们完全依赖的。我们不要奢望有人会一辈子都任我们依赖。虽然依赖外力的保护，的确能有一定作用，然而这种力量有时也是一把双刃剑，帮助自己的同时也可能会伤害自己。

现在大部分家庭只有一个孩子，几代人的关心与爱护都集中在这个孩子身上，因此许多孩子都有依赖心理。没有大人一口一口地喂饭，孩子就不肯自己吃；没有人陪着睡觉，就又哭又闹，怎么也不肯上床；就连和其他小朋友玩耍时也要人陪；早晨起床后总不叠被子，吃完饭后也不懂得帮忙洗碗；上学忘了带文具，也要怪父母没有提醒他们。这些情况的发生就是因为孩子们的依赖性太强了。

依赖性强的人，大多都缺乏责任感，遇到一点困难就全丢给别人替他们解决，这种依赖心理对孩子的成长非常不利。然而依赖性是如何养成的呢？一般来说，这都与父母有着密切的关系。

孩童时期是人格发展的重要时期。在这个时期，孩子的大部分时间是在家中度过的，家庭教育对孩子独立性的形成有决定性的作用。一般来说，父母包办的事情越多，孩子的依赖性越强。相反，父母如果鼓励孩子自己的事情自己做，孩子的依赖性将会大为减弱。

有一位读小学二年级的男孩习惯赖床。每天早晨，妈妈好几次叫他起床，他总是不情愿地说："再睡会儿。"结果当然是

经常迟到，但他还总抱怨是妈妈没把他喊醒，才害他被老师责备，弄得大家都很生气。

这类事情几乎天天上演，爸爸眼看事情不能再继续下去，便告诉儿子："上学是你自己的事情。从明天开始，自己起床。如果闹钟响了你还赖床，没有人会叫你，一切自己负责！"

其实爸爸心中有数，孩子只会跟父母撒娇，在老师、同学面前还是很在意自己的形象，怎敢总是迟到。果然，第二天早晨，闹钟一响，儿子就立刻起床。至今五六年过去了，孩子起床上学再也不用父母催了。有时候，父母还在睡觉，他已经骑车上学去了。

我们从这个男孩的变化可以得知，人的潜力其实很大，我们可以做很多事情，只是父母的溺爱剥夺了我们自立的能力。譬如，学习是我们自己的事，只有靠自己认真听讲、认真思考、认真复习和预习，独立完成学习课业，才能真正掌握学习方法。大人陪读陪写甚至帮忙写作业，都是在帮倒忙，是在辛辛苦苦地培养孩子的懒惰。当然，如果我们很勤奋却仍不清楚课题，一起讨论或者请家庭教师都可以，但必须以自己能够独立学习为前提，切忌让大人包办所有的事情，这样会滋生依赖心理。

要克服依赖心理，可从以下几个方面着手：

1. 要充分认识到依赖心理的危害

要纠正平时养成的坏习惯，提高自己的动手能力，多向独立性强的同学学习。不要什么事情都指望别人，遇到问题要作出属于自己的选择和判断，加强自主性和创造性。学会独立地思考问题，独立的人格要求独立的思维能力。

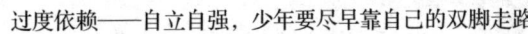

弱点四
过度依赖——自立自强，少年要尽早靠自己的双脚走路

2. 要在生活中树立行动的勇气，恢复自信心

自己能做的事一定要自己做，自己没做过的事一定要尝试着做。要正确地评价自己。

3. 丰富自己的生活内容，培养独立的生活能力

在学校，主动要求担任一些班级工作，以增强主人翁的意识。这样可以使我们有机会去面对问题，可以独立地拿主意、想办法，增强自己独立的信心。在家里，自己该干的事要自己去干，如穿衣、洗碗、打扫卫生等，不要什么都推给爸爸妈妈，做个"小地主"。在学校，除了学习以外，要多参加集体活动，并学会帮助他人。

4. 多向独立性强的同学学习

多与独立性较强的同学交往，观察并学习他们是如何独立处理自己的一些问题的。同伴良好的榜样作用可以激发自己的独立意识，改掉依赖这一不良性格。

没有独立精神的人，一定依赖别人；依赖别人的人一定怕人；怕人的人一定阿谀谄媚人。

——福泽谕吉

测一测：你是一个依赖性很强的人吗？

1. 做作业时碰见一道难题，你稍稍想了一下，但还是做不出来，于是你会：

A. 继续动脑筋，借助参考书等解答

B. 打电话与同学讨论

C. 放一边去，等爸妈回来让他们帮着做

2. 衣服的纽扣掉下来了,你一般这样处理:

A. 自己找来针线缝上

B. 让妈妈帮助缝上

C. 扔了买新的

3. 你的同桌很自私,不仅什么东西都想独占,还在桌上画了三八线不让你越过,你很生气,于是你会:

A. 告诉老师,让老师来教育说服她

B. 讲一些伟人的故事启发她,以自己的真诚去感动她

C. 随便,顺其自然

4. 两位男同学打架,把教室弄得乱七八糟,同学请你这个班干部去解决,于是你:

A. 赶快去请老师

B. 叫上两位强壮的男同学一起去劝架

C. 谁爱打就去打,我不管

5. 一位同学告诉你,有位男同学在欺侮低年级的同学,希望你和她一起去警告他,于是你会:

A. 二话不说,马上去

B. 要去你自己去,我才不管闲事呢

C. 一起去找老师

6. 讨论会上,大家就学习创新问题讨论得十分热烈,一致要求老师改变上课方式,当轮到你发言时,同学们要求你提出好的创新思路,于是你会:

A. 你们怎么想就怎么做,我投一票就行了

弱点四
过度依赖——自立自强，少年要尽早靠自己的双脚走路

B. 这种问题应该由老师来决定，我们学生没必要那么积极，也没有发言权

C. 积极发言，做好总结报告，请老师一起参与学习创新工作

7. 家里的电脑有病毒了，爸爸告诉你，抽屉里有一张杀毒软盘，你自己杀一下病毒就可以了，于是你会：

A. 找出杀毒软盘，学习试着将病毒杀掉，不懂再问爸爸

B. 找出杀毒软盘，试着用了一下，觉得麻烦就算了

C. 请爸爸代劳，省事

8. 下楼上学时发现忘了带书本，于是你会：

A. 打个电话让爸爸把书包送下来

B. 自己上楼去取

C. 打个电话让爸爸送到学校

9. 明天你必须在5：30起床，而你平时一般要睡到6：30，于是你会：

A. 请爸爸妈妈明天早点叫醒你，并为你准备早餐

B. 自己将闹钟调整好，到时自己起床并做好早点（用微波炉）

C. 请爸爸妈妈今晚准备好明天的早点，并于明天叫醒你

10. 你要去参加秋游活动，想准备一些自己喜欢吃的东西和用品，于是你会：

A. 让爸爸妈妈陪你去商店买

B. 自己去商店购买

C. 让爸爸妈妈代劳

11. 爸爸妈妈要出差几天，你一个人在家，于是你打算：

A. 到外婆家去住几天，直到爸爸妈妈回来

B. 自己起床、洗脸、做饭、做作业，自理生活，关好门去上学

C. 请同学来家陪你一起住几天

12. 你必须去外地看一位亲人，于是你会：

A. 带上亲人的详细地址、电话号码、地图，跟对方通好电话，自己坐火车去

B. 让家里人陪着去或让亲人的家属来接

C. 找个同学一起去

13. 你是住读生，于是每个星期你会：

A. 让爸爸接送

B. 自己坐公交车，然后换校车

C. 找个住得近的同学，一起打车去

14. 星期天的时候，一般家里都要打扫卫生，于是你会：

A. 作为家中的一员，帮助爸爸妈妈一起打扫，并主动将自己的房间整理干净

B. 借口功课忙对劳动的事不问不顾

C. 让爸爸妈妈和自己一起整理自己的房间

15. 每天晚上洗完澡，换下内衣内裤以后，你会：

A. 扔在那儿，让妈妈来洗

B. 自己动手洗干净，晾好

C. 有空的时候自己洗，没空的时候便让妈妈代劳

弱点四

过度依赖——自立自强，少年要尽早靠自己的双脚走路

评分标准：

题号	每一选项分数		
	A	B	C
1	3	2	1
2	3	2	1
3	2	3	1
4	2	3	1
5	3	1	2
6	1	2	3
7	3	2	1
8	2	3	1
9	1	3	2
10	2	3	1
11	1	3	2
12	3	1	2
13	1	3	2
14	3	1	2
15	1	3	2

测试结果：

36～45分：独立型

你是一个没有依赖性的人，是个很独立自主的人。你有冷静的头脑及非凡的判断力，你做什么事都能应付自如，从容不迫。相信生活中的你是个备受人瞩目的人，能较理智地看待问题。虽说你看似不够温柔多情，但对爱情和事业其实挺投入的，你的恋人和同事都会很欣赏你。这样的你比较容易在社会上自立，也能独立地面对社会中的问题，更容易成才。

26～35分：依托型

你有一定的依赖性，能依则依，缺乏主动锻炼自己的意

我的责任我担当

识。表面独立，但内心还是很脆弱敏感的，你时时梦想着找一个可以全心依赖的人，但事实却常常难以令你满意。在无奈而孤独的人生旅程中，你学会了自己必须靠自己，但是你喜欢细腻温柔的呵护，而且永远不会感到满足。建议你经常利用一切机会锻炼自己独立做事的能力和意识，让自己变得优秀。

15~25分：依赖型

你是一个依赖性很强的人，这样的你会在将来的人生中碰到许多障碍，影响你的生活能力和态度。工作中的你很怕承担太多的责任，尤其是需要独当一面时，你会十分紧张。一旦有了恋人，便会一心一意依赖对方，自己则完全失去了独立性。但是，一味依赖对方，万一出现意外，你将怎么支撑呢？相信自己，别人能做的事情，你也一定可以胜任。你要给自己制订一个劳动计划，坚持每天花半小时做好家务和学校卫生；同时要给自己制定人生目标，如独自去海外留学。仅为这个，你也要做一个自立的人，将依赖性减到最低。

少年自信自强，你会走得更远

人的一生是短暂的。谁若游戏人生，虚度青春年华，他将会一事无成，被社会所淘汰；谁若不能主宰自己，他将永远只是生活的奴隶。反之，谁若能把握住身边的一切机会，像纤夫一样拉紧生命的纤绳，他就能奋发有为；谁若能自强不息，勇往直前，自力更生，不依赖别人，诚实守信，他就是生命的强

弱点四
过度依赖——自立自强，少年要尽早靠自己的双脚走路

者，就能在社会的汹涌浪潮中得以生存。只有这样，人的一生才是有意义、有价值的，自强自信才能让我们走得更远。

生活，绝不是一条笔直的道路，而是一条曲折而漫长的征途——既有荒凉的大漠，也有深幽的峡谷，还有横亘的高山。只有矢志不渝地前进，才能赢得光辉的未来；只有顽强不息地攀登，才能到达风光的巅峰。每个人都有自己不同的人生路，如果一个人在不适合自己的路上行走，那他也许会屡屡失败，自强之火也许就会熄灭。这时，若用心去看世界上的一切，看清自己前方的路，那么希望之火也许会重新为它复燃。在人生的长途跋涉中，一时的软弱并不可悲，可悲的是像蜗牛一样，永远都背着沉重的包袱停滞不前，依赖别人的帮助而存活。

华罗庚中学毕业后，因交不起学费被迫辍学。回到家乡，他一边帮父亲干活，一边继续顽强地自学。不久，他便身染伤寒，生命垂危。他在床上躺了半年，痊愈后却留下了终身的残疾——左腿的关节变形，瘸了。当时，他只有19岁，在那迷茫困惑、近似绝望的日子里，他想起了失去双腿后著兵法的孙膑。"古人尚能身残志不残，我才19岁，更没理由自暴自弃，我要用健全的头脑，代替不健全的双腿！"青年华罗庚就这样顽强地和命运抗争。白天，他拖着病腿，忍着关节剧烈的疼痛，拄着拐杖一颠一颠地干活；晚上，他在油灯下自学到深夜。1930年，他的论文在《科学》杂志上发表了，这篇论文震惊了清华大学数学系主任熊庆来教授。之后，清华大学聘请华罗庚当了助理员。在名家云集的清华园，华罗庚一边做助理员的工作，一边在数学系旁听，还用4年时间自学了英文、德文、法文，

并发表了多篇论文。他25岁时，已是蜚声国际的青年学者了。

自强是比朋友、金钱以及各种外界的援助更为可靠的东西。它帮助华罗庚排除阻碍、战胜艰难，最终在学术界获得成功。其实每个平常的人，按理都是可以自强自立的，然而真能充分发挥其独立能力的却很少。依赖他人、追随他人，让他人去思考、去计划、去工作，这自然要比我们自己去努力便利得多，也舒适得多。以为事事都有他人替我们做，因此我们自己就可以不必努力了，这种想法是最有害的。能够发挥我们的力量、才能的，不是外援而是自信，不是依赖而是自强。

当我们能打消求助于他人的念头，变得足够自立、自强时，我们其实已踏上成功之路了。我们只有不借外力、自依自助，才能发挥出自己所想不到的力量。外界的助力，在当时看来似乎是一种幸福，但它最终是一种祸害，因为它会让我们产生依赖心理，阻止我们上进。依赖心理是一种消极的心理状态，它会影响我们个人独立人格的完善，制约我们的自主性和创造力。我们不能事事都依赖人，要知道，没有人可以让我们依赖一辈子，只有自信自强才能帮助我们走得更远。

消除依赖的方法：

一是克服依赖习惯。分析一下自己的周围哪些是应当依靠的，哪些是应当由自己决定把握的，从而自觉减弱习惯性依赖心理，增强自己作出正确主张的能力。如自己决定有益的业余爱好，自己安排和制订学习计划等，由依赖转变为自主。

二是增强自信心。有依赖心理的人缺乏自信，自我意识低下，这往往与童年时期的不良教育有关，如有的父母、长辈、

弱点四
过度依赖——自立自强，少年要尽早靠自己的双脚走路

朋友往往说"你真笨，什么也不会做""瞧你笨手笨脚的，让我来帮你做"等。对这些话首先要有正确的心态，然后一条一条加以认知重构，逐渐培养和增强自信心。

三是树立奋发自强精神。常言道：温室中长不出参天大树。当今社会是在开放竞争中求生存谋发展，因此要及时调整自己的心态，适应时代变革，拥有健全的人格和良好的社会适应能力。要自觉地在艰苦的环境中磨炼自己，在激烈的竞争中摔打自己，勇敢地面对困难和挫折。

四是培养独立的人格。每个人都需要别人的帮助，但是接受别人的帮助也必须发挥自己的主观能动性。很难设想，一个把自己的命运寄托在他人身上、时时事事靠别人指点才能过日子的人，会有什么大的作为。德国诗人歌德曾说过："谁若不能主宰自己，谁就永远是奴隶。"

自信自强的人能凭借个人的奋斗努力向上，永不懈怠，最后在事业上取得成功。我们要自强，遇到任何困难都不要屈服，要努力拼搏，挑战命运，走出困境。人不应总是依赖别人，否则就难以生存于世。

人性闪光点

自信自强的人，是指从不依赖别人，而靠自己的能力生存于世的人。对于青少年来说，不仅要依靠自己的劳动自强不息，还要学会用自己的大脑去思考一切问题，靠自己的能力去生存，不要依赖别人。只有学会自信自强，才能立足于纷纭复杂的当代社会。

弱点五

懒惰拖延
——勤奋第一,少年绝不能让时间空耗下去

本质分析:

懒散放纵是一种好逸恶劳、不思进取、缺少责任心、缺少时间观念的心理表现。青少年朋友的懒散放纵表现尤为突出。因为有些青少年不能很好地做到自律,他们不能克制自己懒散放纵心态的滋生。众所周知,勤奋是懒散的大敌,只有它才能帮助我们改变自己的现状,创造美好的明天。

实际表现:

(1)明知道这件事应该今天完成,却总期待着明日去做。

(2)在做事时,常找出各种理由拖拖拉拉。

(3)做事时总是无精打采,不积极、不主动、不勤奋。

(4)什么事情都要靠父母或其他人,没有主见,缺少独立性。

(5)做事容易满足,对自己要求不高,得过且过思想严重。

(6)做事不求质量,不求快节奏,常抱着应付和不负责任的态度。

弱点五
懒惰拖延——勤奋第一，少年绝不能让时间空耗下去

（7）缺乏上进心，不严格要求自己。

（8）从小就养成了"衣来伸手、饭来张口"的不劳而获的坏习惯。

（9）习惯于等、靠、要，从来不想去求知、发明、拼搏、创造。

今日事今日毕，绝不拖延到明天

懒散是一种不好的生活习惯。每当你为自己不想做的事情找借口，推到明天再做时，就不知不觉地让懒散肆意滋生。然而明日复明日，明日何其多。总是把事情推到明天的人，是永远不会成功的。成功只眷顾那些勤奋、踏实，且今日事今日毕的朋友。

从前有一只小井蛙，有一天它对偶然来喝水的画眉鸟说："画眉鸟姐姐，你看朋友们成天把我当成笑柄，说我坐井观天，见识短浅。今天，我要开始努力改变自己，做一个知识渊博的学者，我要制订一个学习计划！""好吧，两年以后，我来庆祝你成为一名大学者！"画眉鸟说完就飞走了。

第二天，小井蛙借来几本厚厚的书，坐在井里的石头上看了起来。可是它还没有看几页，就用带有抱怨的语气对着天空说："唉，我真是太笨了！想想看，这本书这么难，而我还没有好好休息，等我好好休息几天，这些书对我来说就是小菜一碟啦！"说完就倒头大睡了。

不知不觉一个星期过去了。这天早上，小井蛙又开始读起

自己借来的书。忽然，它一拍脑门，说："今天我还要教小蝌蚪们学游泳，到底去不去呀？去吧，还要看书；不去吧，又不好意思。嗯，去吧，反正两年的时间长着呢！"说着就跳走了。

晚上回来正准备看书，一抬头却看见了井上的一轮明月，几颗星星围在一边正朝它眨着眼睛呢，小井蛙禁不住诱惑，又没有看书。

这样一次又一次，两年时间很快就过去了。一天早晨，画眉鸟飞回来找它，却发现小井蛙正在睡懒觉。画眉鸟摇摇头，无奈地飞走了。

虽然很多青少年朋友从小就接受过"今日事今日毕"的教育，然而许多人还是喜欢把今天的事情推到明天去做。他们从不计划安排工作和时间，最终自然无法实现目标。小井蛙的故事是一个警戒，它告诉我们一个人人都应该知道的道理："把今天的事情推到明天做的人注定要失败。"然而有些朋友还是无法改变自己，他们像小井蛙一样，自己安慰自己，把今天的事情推到明天，一天一天拖延自己的时间，到最后猛然发现自己一事无成。请记住：今天的事情今天就要做好，因为你无法预知明天又会有什么样的情况。抓住今天，珍惜你现在拥有的每一分钟，千万不要一味地依赖明天。

一群小老鼠要在小熊家开联欢会，庆祝他们在小熊家里平安地度过了365个"明天"，也就是整整一年。起先他们住在小熊家里时很害怕，因为小熊天天都说："明天我要整理屋子了。"如果屋子真的被整理干净了，老鼠们就没有藏身之地

弱点五
懒惰拖延——勤奋第一，少年绝不能让时间空耗下去

了。可是，"明天"到了，小熊依旧懒散得不肯收拾，屋子一点都没有变，小老鼠们也就放心地继续住下了。

小老鼠们在庆祝会上大叫："让明天和今天一样脏吧，让小熊永远没有明天。"

就在小老鼠们的庆祝会快要结束的时候，小熊从外面回来了。它听见一群小老鼠在它的屋子里唱着歌："明天，明天，明天又会怎么样？懒惰的小熊的明天，永远和今天一样脏。"小熊听了又生气又难为情。它说："我明天一定要整理屋子。"

就在小熊的"明天"到来时，小熊把屋子里所有的脏东西都扔了出去，把房子的每个角落都彻彻底底地打扫了一遍，让屋子变得又干净又漂亮。小熊高兴地说："我干净的明天，不，今天，已经来到了，我要举办庆祝会，庆祝干净的今天和明天！"

当小熊家热热闹闹的庆祝会开场的时候，小老鼠们连自己的小皮箱和旅行袋都来不及拿，就慌慌张张地逃走了。

这个故事告诉我们，当天的事情当天就要做完，不能拖到第二天再做。古人云：明日复明日，明日何其多。今天有今天的事，明天自然有明天的事。如果今日事拖到明日，岂不更累？时间是青少年朋友最宝贵的东西，同时也最容易逝去。谁也不知道明天会有什么事情等着你，只有努力把今天的事情做好，才能更好地去做明天的事情。

勤劳一日，可得一夜安眠；勤劳一生，可得幸福长眠。

——达·芬奇

我的责任我担当

测一测：你是个自律的人吗？

请选择你认为符合自身情况的选项：

1. 我有强烈的目标感。

A. 强烈反对　B. 反对　C. 中立　D. 赞同　E. 完全赞同

2. 如果一个人总是在追求目标，生活会变得很累。

A. 强烈反对　B. 反对　C. 中立　D. 赞同　E. 完全赞同

3. 我已经制订了很好的长远计划。

A. 强烈反对　B. 反对　C. 中立　D. 赞同　E. 完全赞同

4. 当我有了新目标时，我会感到生龙活虎。

A. 强烈反对　B. 反对　C. 中立　D. 赞同　E. 完全赞同

5. 在事情发生前，我很难在头脑中预想。

A. 强烈反对　B. 反对　C. 中立　D. 赞同　E. 完全赞同

6. 当成功离我很近时，我几乎能够品尝、感觉到它。

A. 强烈反对　B. 反对　C. 中立　D. 赞同　E. 完全赞同

7. 几乎每个工作日我都要看看我的日常计划或是清单。

A. 强烈反对　B. 反对　C. 中立　D. 赞同　E. 完全赞同

8. 我每天的行动很少偏离我的计划。

A. 强烈反对　B. 反对　C. 中立　D. 赞同　E. 完全赞同

9. 我从工作中挣到的钱比工作本身更重要。

A. 强烈反对　B. 反对　C. 中立　D. 赞同　E. 完全赞同

10. 我的工作有些像兴趣爱好一样令我兴奋。

A. 强烈反对　B. 反对　C. 中立　D. 赞同　E. 完全赞同

弱点五
懒惰拖延——勤奋第一,少年绝不能让时间空耗下去

11. 即使每周的工作只有60小时,对我来说也是不可能做到的。

A. 强烈反对　B. 反对　C. 中立　D. 赞同　E. 完全赞同

12. 我认识一些模范好榜样。

A. 强烈反对　B. 反对　C. 中立　D. 赞同　E. 完全赞同

13. 到目前,我还没有遇到想效仿的人。

A. 强烈反对　B. 反对　C. 中立　D. 赞同　E. 完全赞同

14. 我的工作对我要求太高,因此我很难专注于个人生活。

A. 强烈反对　B. 反对　C. 中立　D. 赞同　E. 完全赞同

15. 我能够在工作几小时后全身心地享受体育运动或是文化活动。

A. 强烈反对　B. 反对　C. 中立　D. 赞同　E. 完全赞同

16. 腰酸是因为有几次没休息好,我本来可以更成功的。

A. 强烈反对　B. 反对　C. 中立　D. 赞同　E. 完全赞同

17. 最好的帮手是我自己。

A. 强烈反对　B. 反对　C. 中立　D. 赞同　E. 完全赞同

18. 我很容易感到无聊。

A. 强烈反对　B. 反对　C. 中立　D. 赞同　E. 完全赞同

19. 计划很难制订,因为人生难以预测。

A. 强烈反对　B. 反对　C. 中立　D. 赞同　E. 完全赞同

20. 我觉得每天我都朝目标前进了一点点。

A. 强烈反对　B. 反对　C. 中立　D. 赞同　E. 完全赞同

评分标准:

题号	每一选项分数				
	A	B	C	D	E
1	1	2	3	4	5
2	5	4	3	2	1
3	1	2	3	4	5
4	1	2	3	4	5
5	1	2	3	4	5
6	1	2	3	4	5
7	1	2	3	4	5
8	5	4	3	2	1
9	5	4	3	2	1
10	1	2	3	4	5
11	5	4	3	2	1
12	1	2	3	4	5
13	5	4	3	2	1
14	5	4	3	2	1
15	1	2	3	4	5
16	5	4	3	2	1
17	1	2	3	4	5
18	5	4	3	2	1
19	5	4	3	2	1
20	1	2	3	4	5

测试结果:

90~100分：你是一个高度自律的人，能够很好地利用自己的技巧和才干。像许多自律的人一样，你可能对事情有一些新的见解。

60~89分：你自律的程度一般，请继续下去，你肯定能够掌握一些新方法，提高自律能力。

弱点五
懒惰拖延——勤奋第一，少年绝不能让时间空耗下去

40~59分：你可能在自律方面还有些问题，一定要将自己的计划付诸实践，不要拖拉。

1~39分：如果你的作答是准确无误的，那么你在自律方面存在太多问题，这些问题将使你无法完成生活中很多重要的事。你需要好好反省一下自己的生活习惯，调整自己的时间安排，努力做到今日事今日毕。

测一测：看看你有多懒？

父母叫你去邻近的菜市场买菜。这个地方你一直没去过，也不知道菜价，所以你十分不安。下面店铺中，你首先会去哪里？

A. 什么都有的小杂货铺

B. 有各种鱼的店铺

C. 只有一种蔬菜的摊档

D. 食品小店

测试结果：

A. 你的懒惰就像小偷一样鬼鬼祟祟。你是个偷懒高手，在偷懒的同时会做大量的掩饰行为，绝不会让人发现到蛛丝马迹。别人看你是个很忙碌的人，一丝不苟又懂得抓紧时间，其实在你的脑子里根本什么都没有，因为你正在偷懒。

B. 你的懒惰表现在你的无知上。既然是不知道的事情，那么你就有很多理由去偷懒。即使不知道，你也不会去问，任由这个问题一直僵持下去，而这时候正是偷懒的好机会。很多事

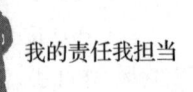

你都是一知半解。别人为解决问题而烦恼，你却乐得清闲。你可以装着不懂，然后把一切事情交给别人去做。

C. 你的懒惰只显露在你的讨厌之上，也就是说你是会视事情而定。平时不会很懒，反而让人觉得很勤劳，但是在讨厌的事情上，你的懒惰表现得很明显，让人一看就知道你想偷懒。你觉得不喜欢的事情就算懒些也无所谓，但你可否想过，有些事偷懒会有严重后果。

D. 你是懒到骨子里的人，你相当会找借口，会为自己的懒找各种各样的理由，然后懒洋洋地"品尝人生"。你也是个很容易生气的人，如果在你偷懒的时候，别人逼你做不愿意做的事情，你会立刻翻脸，然后再找理由。

要想成功，少年必须从现在开始勤奋起来

居里夫人说过："懒惰和愚蠢在一起，勤奋和成功在一起，消沉和失败在一起，毅力和顺利在一起。"青少年若选择与勤奋在一起，就选择了成功的起点。爱因斯坦也说过："在天才与勤奋之间，我毫不迟疑地选择勤奋，她几乎是世界上一切成就的催产婆。"事实上，一个勤奋的人能够取得的成就必然比其他人要多。因此，青少年朋友要注重培养自己勤奋的习惯，不要让懒散放纵的坏习惯毁了自己的一生。

曾国藩是中国历史上最有影响的人物之一，然而他小时候的天赋却不高。有一天曾国藩在家读书，对一篇文章不知道重

弱点五
懒惰拖延——勤奋第一，少年绝不能让时间空耗下去

复了多少遍，还在朗读，因为他还没有背下来。这时候他家来了一个贼，潜伏在他的屋檐下，希望等读书人睡觉之后捞点好处。可是等啊等，就是不见他睡觉，而且翻来覆去地读那篇文章。贼大怒，跳出来说："这种水平读什么书？"然后将那篇文章背诵一遍，扬长而去！

贼是很聪明，至少比曾先生要聪明，但是他只能成为贼。

由此可知，伟大的成就和辛勤的劳动是成正比的，有一分耕耘就有一分收获，日积月累，从少到多，就可以创造出成功。

每年高考结束后到大学入学，所有准大学生都将度过上学以来最长的假期。在这个没有作业、没有约束的特别假期里，有人疯狂玩、疯狂放纵，也有人选择自我充电，勤奋与懒散的区别便从中展现出来。

今年大一的刘丽雅高中时一直是闷头学习的"乖孩子"，因为是提前填志愿，所以高考结束就只需等成绩了。估分之后，她觉得被所填的学校录取应该没有问题。

暑假刚开始，刘丽雅报名学习了从小就想学习的古筝，每个周日上两小时的课，老师交代每天至少要练习两小时，刚开始的几天她还能坚持，但后来慢慢就变得懒散了，甚至完全忘了这回事。

往后的每天，她疯了似的玩。她说："高三过得太辛苦，什么都不敢做也不能做，考完想好好补偿自己。"和所有刚刚毕业的高中生一样，她和她的一帮同学把时间都贡献给了大街小巷、饭馆和KTV，每天除了逛街、吃饭就是吃饭、唱歌。回

到家又是另一种放纵，她要把以前想看而没法看的电影通通看完。眼看着天都要亮了，她还毫无睡意。

同样的经历，18岁的萧萧就和刘丽雅过着完全不同的生活。高考结束后，刚满18岁的萧萧依旧没有闲下来，她像陀螺一样疯狂地转了一个暑假。

高考结束后，成绩向来不错的萧萧没来得及估分，就开始筹划起自己的暑期计划。很快，她凭着高中时代在广播站、电视台的工作经历，自荐去了家乡某报社实习，同时报名学习了自己一直很想学习的跆拳道，并坚持天天练习，她想要利用假期全面提升自己。萧萧在家乡的报社实习期间，上午跑新闻，下午去刚建好的体育馆练习跆拳道，期间还见缝插针地用三天时间带领几个朋友跑遍不大的县城到处发传单，最终拿到了600元的薪水。尽管已经离校，她仍然继续担任正备战市里比赛的足球队经理人，炎炎烈日下到处奔波拉赞助，还要监督球员练球并给他们送水。

实习结束后，还有半个多月才开学，想着自己只在初中时去过北京，之后再没出过远门，萧萧又选择一个人到北京旅游。她说："我不想浪费掉任何一天，希望每一天都做有意义的事情。"

刘丽雅和萧萧相比，明显是萧萧的暑假更有意义。这个暑假不仅让萧萧增加了社会经验，而且帮助她全面发展。可以说，她的生活不比刘丽雅暗淡，虽然繁忙但很充实。反观刘丽雅，她的生活虽然懒散惬意，但找不到重心，最后她自己也麻

弱点五
懒惰拖延——勤奋第一，少年绝不能让时间空耗下去

木了，只是在荒废自己的时间。

懒惰是成功的绊脚石，在充满困难与挫折的人生道路上，只有勤奋、刻苦、好学、上进，朝着预定目标孜孜以求，才会到达光辉的顶点，因此青少年朋友们要努力克服懒惰的习惯。

勤奋是成功的第一步。我们不仅要严格要求自己，还要自控、自律，要制订适合自己的学习计划。各科作业都严格按老师的规定保质保量地完成，逐步养成不完成作业不睡觉的习惯，改掉"明日复明日"的想法。

我们要勇于实践，做一个主动的、真正做事的人，不要做个任何事都不想做的人。凡事不要等到万事俱备以后才去做。青少年朋友要记住：永远没有绝对完美的事。一旦出现问题，要立刻解决。态度要主动积极，做一个改革者，要自告奋勇去改善现状。要主动承担责任、义务，要向人家证明你有成功的能力与雄心。克服了懒散的习惯，你就会培养起勤奋的习惯，习惯成自然，你就会走向成功。

人性闪光点

爱因斯坦说："在天才与勤奋之间，我毫不迟疑地选择勤奋，她几乎是世界上一切成就的催产婆。"事实上，一个勤奋的人，能够取得的成就必然比其他人要多。因此，青少年朋友要注重培养自己勤奋的习惯，不要让懒散放纵的坏习惯毁了自己的一生。

弱点六

好逸恶劳
——现在努力，贪图享乐的少年与成功无缘

本质分析：

好逸恶劳是一种懒惰的行为，它使青少年朋友安于现状，不愿与未知的情况作斗争，长此以往就会变得懒散、没斗志，失去生活的目标，从而降低生活质量，无法按照自己的愿望进行活动。面对安逸的生活环境，有的人得过且过，意识不到这是懒惰；有的人总是推脱，希望明天会有所转变；有的人也想摆脱自己的惰性，但却不知如何是好。其实，勤奋是摆脱懒惰的最好方法，安于现状是滋生懒惰的温床，唯有一刻不停地努力，我们才能找到成功的方向。

实际表现：

（1）不愿同他人交谈或加入一个小团体。

（2）不能做自己喜欢做的事，总是闷闷不乐。

（3）对自己周围的人或事总是漠不关心。

（4）由于焦虑而不能入睡，睡眠质量不好。

（5）日常起居生活散漫、无秩序，不讲卫生。
（6）常常迟到、逃学且不以为然。
（7）不能专心听讲、按要求完成作业。
（8）不知道自己学习的目的，不能主动地思考问题。

安于现状，你终究碌碌无为

惰性就像一种慢性病毒，它总会无声无息地附在我们身上，使我们安于现状、安于享受，让我们懒于学习、懒于思考，最后变得思想消极，成为一个平庸的人。安逸的生活是每个人都追求的，人们总是希望自己能生活得安宁祥和，殊不知，这安逸祥和的生活中也暗藏了人性的弱点。青少年朋友不能被这种安逸的表面所蒙蔽，现在正是学习的好时光。生活好比浪中行船，不进则退，即使非常富足、不愁吃穿，如果不思进取，也难以取得更伟大的成就。

人一生中有三分之一的时间用于睡觉，这是一个很庞大的数字。然而，法国传奇人物拿破仑却说："睡觉超过5小时，等于自杀。"拿破仑作为一个贵族的后裔，他的生活并不困苦，但试想，如果他安于现状，在自己的领地过着悠闲的生活，那么又怎会有之后的法兰西第一帝国？如果他用他人生中三分之一的时间去睡觉，那他又怎能一次次打败反法同盟的军队？由此观之，我们更应努力，不要只顾享受，变成一个平庸的人。

我的责任我担当

安于现状的想法会使我们懒于追求更高的目标，它会让我们放松、懈怠，这种情绪会体现在任何事情上。因为安于现状，我们就会失去生活的激情，忘记被人超越的可能性，忘记被快速发展的社会淘汰的可能性，这是很可怕的。陶醉在自己安逸生活中的青少年朋友们，千万不要再自欺欺人了。企业安于现状，必定走向失败；国家安于现状，必定走向落后。因此，我们不能安于现状，而要不断地去发掘自身的潜力，实现自己的价值。

要实现自己的价值，我们就不能被安逸的生活蒙蔽自己的双眼，要不断给自己制定更高的标准，不断地去追求，不能因为有一点成绩就沾沾自喜。我们时刻都要有紧迫感、危机感，要不断地努力，不能因为自我感觉良好，就停下前进的脚步。

在19世纪末，美国康奈尔大学曾进行过一次著名的"青蛙试验"。科学家将一只青蛙放在煮沸的大锅里，青蛙触电般地立即蹿了出去，并安然落地。后来，科学家又把它放在一个装满凉水的大锅里，任其自由游动，再用小火慢慢加热，青蛙虽然可以感觉到外界温度的变化，却因惰性而没有立即往外跳，等后来感到热度难忍时已经来不及了。这就是有名的"青蛙效应"。这个故事告诉我们：外界环境的改变大多是渐热式的，如果我们安于现状，只顾享受，那么最后就会像这只青蛙一样，被煮熟、淘汰了还不自知。

世界在一刻不停地前进，每个人都在进步，我们要想获得成功，就绝不能安于现状。俗话说："逆水行舟，不进则

弱点六
好逸恶劳——现在努力，贪图享乐的少年与成功无缘

退。"如果我们因为满足现状而停下前进的脚步，就等于倒退，将会被社会所淘汰。安于现状是平庸者的温床，我们将会因自甘堕落而被社会抛弃，变成生活里的平庸者。

如果惧怕前面跌宕的山岩，生命就永远只能是死水一潭。

——雷顿

测一测：你是一个容易知足的人吗？

1. 你是否觉得自己被迫循规蹈矩？

A. 是的，有时是这样

B. 很少或从不

C. 是的，我经常因为必须循规蹈矩而感到沮丧

2. 你是否喜欢自己的工作？

A. 大多数时候是，但不总是

B. 是的

C. 基本上不是这样

3. 你认为下面哪个词是对你最好的概括？

A. 安定的　　　　B. 感到满意的　　　　C. 不平静的

4. 你是否做过一些让你良心不安的事？

A. 是的，有时候

B. 很少或从不

C. 是的，我在这方面很担心

5. 你对生活是否抱有一种轻松的态度？

A. 是的，对大多数事情是这样，但是有些事情因为很重

要，不是那么容易放得下

B. 总的来说，我的确是抱着一种轻松的态度对待生活

C. 我不认为自己是一个很轻松愉快的人

6. 你是否会因为自己的失败而拿别人出气？

A. 偶尔　　　　　　B. 很少或从不　　　　C. 经常

7. 你是否感到自己的生日是在比较幸运的星座上？

A. 也许我算比较幸运的　　B. 绝对没错　　C. 不

8. 你是否已经实现了人生的大多数抱负？

A. 是的

B. 我现在还不能找出特定的抱负需要我去实现

C. 完全不是

9. 你如何看待未来？

A. 有一定程度的理解

B. 如果顺利的话，会像现在一样继续发展

C. 我希望将来会比过去和现在要好得多

10. 你拥有良好的睡眠吗？

A. 我努力做，但不总是成功　　B. 是的　　C. 通常不太好

11. 你是否感到自己有自卑感？

A. 可能，有时是这样　　　　B. 没有　　C. 是的

12. 你是否认为自己拥有忠诚和稳定的家庭生活？

A. 总的来说是这样　　　　B. 毫无疑问　　C. 不是

13. 你觉得自己有没有充分享受自己的业余时间？

A. 也许我的业余活动没有我希望的多

弱点六

好逸恶劳——现在努力，贪图享乐的少年与成功无缘

B. 是的

C. 没有，因为我没有时间参加业余活动

14. 你是否考虑过通过做整形手术来让自己变得漂亮一些？

A. 可能　　　　B. 没有　　　　C. 是的

15. 如果让你回忆并且评价自己的人生，下面哪句话最适合？

A. 基本上满意，但我认为自己还能够获得更多

B. 我要感谢上天的恩赐，因为我人生的顺境要多于逆境

C. 我多少会感到有些生气，因为我没有实现自己的人生价值

16. 你是否很容易休息放松？

A. 有的时候容易，有的时候比较困难

B. 很容易

C. 一点也不容易

17. 你是否已得到人生中应该得到的大多数东西？

A. 基本上是这样

B. 我认为我得到了

C. 我认为我没有得到

18. 你是否经常希望自己是另一个人？

A. 不经常，但偶尔会认为有些人比我幸运

B. 我从来没有认真考虑过

C. 我经常希望自己是另一个人

19. 如果让你变换生活方式一年，你愿意吗？

A. 在特定的情况下有可能

B. 我认为我不会

C. 是的，我会接受这样的机会

20. 你是否觉得机会总是从身边溜走？

A. 有时　　　　B. 很少或从不　　　　C. 经常

21. 你嫉妒其他人的财产吗？

A. 偶尔　　　　B. 很少或从不　　　　C. 经常

22. 你是否经常因为事情做得太少而沮丧？

A. 有时　　　　B. 很少或从不　　　　C. 几乎始终是这样

23. 你是否渴望异乎寻常的假期，它可以让你完全逃避现实？

A. 是的，有时候

B. 假期是不错，但对我来说不是必不可少的

C. 是的，经常这样想

24. 你是否嫉妒富人或名人？

A. 偶尔　　　　B. 很少或从不　　　　C. 经常

25. 你对自己感到满意吗？

A. 满意　　　　B. 不满意　　　　C. 基本满意

评分标准：

选"A"得1分，选"B"得2分，选"C"不得分。

测试结果：

少于25分：你对自己的生活不太满意

也许你对没有实现自己的人生梦想，时常感到精疲力竭或者非常无奈、痛苦；也许你认为人生太过短暂，你没有足够的

弱点六

好逸恶劳——现在努力，贪图享乐的少年与成功无缘

时间去做你想要做的事情；也许你实在不满意当前所从事的工作，而且在工作的时候你常常会想到你真正愿意做的事情；也许你正在经历人生的一个困难或紧张的时期，这种情况是我们每个人都可能遇到的。

如果情况确如上面所述，那么现在正是审视并且评价自己人生的好时候。要多注意积极的方面，扪心自问得到了什么。也许你拥有一份稳定又喜欢的工作和一个和睦的家庭，这本身就是一种成就；也许你有一项喜爱的运动或业余爱好，而且可以倾注更多的时间享受其中的乐趣……所有这些都是值得感激的，而不应该失望的。

25~39分：你对自己的人生基本满意，尽管你可能还没有意识到这一点

尽管你并不缺乏雄心壮志，但你不会为了追求这些目标而去冒险，包括危及你自己的快乐和现有的生活方式，以及那些和你最亲近的人。

但是，在你的内心深处，经常会有一种不满足感，因为你自认为可以获得更多，因此而感到有些遗憾。

尽管如此，总的来说你还是认为自己的目标大部分已经实现。因此，没有理由做任何改变，哪怕许多人如父母、老师、朋友和同事都急切地告诉你应该怎样对待生活。毕竟，只有当这些目标对你来说很重要时，它们才算重要。因此，你才是自己的首席专家，你才有权决定自己人生的道路应该怎样走。

40~50分：你对自己的生活感到满意

你可能拥有快乐和内心的安宁。正是这种快乐感染并影响了你周围的人，尤其是你的直系亲属。你是很幸运的一类人，能够找到自己的小天地。你很懂得知足常乐，这正是许多人羡慕你的地方。

越勤奋，你的方向和目标越清晰

人不能安于现状，做命运的平庸者。我们要以不懈的努力和敢于面对困难的毅力，去迎接新的挑战，去争取新的机会。不努力，我们怎么能找到成功的方向？不拼搏，我们怎么能得到美好的明天？

如果想在竞争激烈的今天取得成功，那么就要时刻拼搏，把安逸的生活抛之脑后。不思进取的享乐主义者认为：生活要慢慢体会，平凡也是一种滋味，努力拼搏也不过是为了博得一份安宁的生活。但四季轮回之后，时间带走了他们的享受，却还不回他们的幸福生活。社会在不断发展，享乐主义者又能享受几天清闲呢？他们会为他们提前享受的安逸生活付出沉重的代价。马云曾说："今天很残酷，明天更残酷，后天很美好。但是，大多数人死在了明天的晚上，看不到后天的太阳。"我们不能安于现状，前进是我们唯一的选择。我们要努力地去拼搏，不断地超越我们生命旅程中的失败，朝着自己制定的目标前进。终有一天，我们会因坚定不移的意志，坚韧不拔的毅

弱点六
好逸恶劳——现在努力，贪图享乐的少年与成功无缘

力，成为自己生命的主宰，那时才是我们享受胜利的时候。

美国人鲁塞·康维尔就是一个不安于现状的人，他用努力改变了自己的生命，使自己梦想成真。

1862年，作为耶鲁大学的新生，他在国家的号召下应征入伍，成为林肯军队的一员，不满20岁就被任命为陆军上校。战争结束后，他取得法学院学位，成为执行律师。律师在美国是很不错的职业，但康维尔的理想是建立一所大学。虽然收入有限，但康维尔从来没有放弃自己的梦想。1870年，康维尔听到了一个著名的激动人心的故事"后花园的钻石"。故事说一个富翁丢弃自己的土地，漂泊到世界各地寻找钻石，并客死他乡。后来，人们却在他丢弃的土地上找到了大量的钻石。

康维尔决定把这个故事告诉更多的人。他以这个故事为素材，发表演讲五千多次，成千上万人被他的演讲所折服。1888年，TEMPLE大学取得设立许可证，资金就是他演讲所得的400万美元。

如果康维尔是一个安于现状的人，他就只会是一个律师，在美国过着一成不变的律师生活，绝对不会靠自己的双手建立起一所大学，从而完成他的梦想。

每一个青少年朋友都应从这个故事中得到启发，我们要主宰自己的命运，就要用自己的双手去实现自己的梦想。我们要时刻奋斗，要全力以赴地去做好每一件事情；否则，我们将一事无成，成为生活的平庸者。平庸者总是被埋没在历史里，没有人会同情他们。我们要改变自己，就要从身边的每一件小事

做起。

　　我们可以去尝试做一些不是很难的事，或者做些以前很想做但一直没去做的事。从今天起，我们不能再把事情推脱给"明天"，并且在做事时，不要只看结果如何，而要看通过做事我们学到了什么。也许我们失败了，但我们掌握了成功的诀窍，这就是一种收获。我们也要时刻保持开朗乐观的情绪，自暴自弃是一种无能的表现。每个人的人生都会有失败的经历，而关键是你怎么面对失败。正确的做法应该是冷静地查找问题出在哪里，或是自我解脱，或是与别人商量，哪怕争论一番对扫除障碍也有益处。我们要勇敢地把自己的不足变为勤奋的动力。学习、劳动时都要全身心投入，争取最满意的结果。

　　在现实生活中，多数人天生是懒惰的，他们大都尽可能逃避工作，喜欢享受安逸的生活。他们中的大部分人也都没有雄心壮志，缺乏执行的勇气。

　　安于现状地享受生活会吞噬人的心灵，使人变得懒散、懈怠。懒惰的人花费了很多的时间和精力去逃避自己该做的事，却不愿花同样的精力去做好它，到头来白损失的只是自己。对每一位渴望成功的人来说，贪图享受最具破坏性，也是最危险的恶习，它使人丧失进取心，不愿去努力。克服懒惰，正如克服任何一种坏毛病一样，是件很困难的事情。但是只要你决心与懒惰分手，并在生活学习中持之以恒，那么灿烂的未来就属于你！

弱点六
好逸恶劳——现在努力，贪图享乐的少年与成功无缘

人性闪光点

我们要主宰自己的命运，就要用自己的双手去实现自己的梦想。我们要时刻奋斗，要全力以赴地去做好每一件事情；否则，我们将一事无成，成为生活里的平庸者。平庸者总是被埋没在历史里，没有人会注意他们。因此，我们要改变自己，就要从身边的每一件小事做起。

弱点七

自私自利

——换位思考，青少年要设身处地为他人着想

本质分析：

产生自私自利的原因，一方面是人都有天生的利己倾向，另一方面是父母在我们成长过程中的错误教育。自私的人，其行为对谁都有害无利，会失去朋友，失去一切。自私自利的观念对我们影响很大，因此我们应予以重视，及早预防。我们要学会付出，学会帮助他人，这样才能克服自私自利的性格。

实际表现：

（1）过分关心自己，只注重自己的快乐和幸福，一切以满足自己为主，很少考虑他人。

（2）一切以自我为中心。

（3）在金钱和财物上吝啬贪婪，不愿与人分享，而对于别人的东西却是拿得越多越好。

（4）在别人有事的时候，因为自己被冷落而对他人发火。

（5）固执己见，不能接受公正、正确的意见。

（6）不易与人相处，因此也很难交到知心朋友。

（7）衡量外界的标准便是"是否有利于自我本身"，相应的行为也是如此。

凡事多顾及他人，少年不做自私鬼

有一句话说"人不为己，天诛地灭"，这句话表明，人的自私是一种自然、与生俱来的人性。有没有绝对不自私的人呢？我们不敢说没有，但至少周围这种人很少，绝大多数人都是自私的，差别只在于自私的程度而已。真正自私自利的人是不会为他人着想的。

有的人心里只有他自己，对别人的困难不闻不问，更不会为别人考虑。比如，在公共汽车上，有抱小孩的或老人上车时，就有个别人坐在座位上装作没看见，不肯让座。因为他只想到自己坐着很舒服，他根本就没想过如果有一天自己老了，坐公共汽车的时候，大家也都像他一样，不给他让座，不管路程有多远，都让他站着，该是一种什么滋味。

有这样一个故事：

一个牧场主养了许多只羊。他的邻居是个猎户，院子里养了一群凶猛的猎狗。这些猎狗经常跳过栅栏，袭击牧场里的小羊羔。牧场主几次请猎户把狗关好，但猎户口头上虽答应，可没过几天，他家的猎狗又跳进牧场横冲直撞，咬伤了好几只小羊。

忍无可忍的牧场主找镇上的法官评理。听了他的控诉，明理的法官说:"我可以处罚那个猎户,也可以发布法令让他把狗锁起来。但这样一来你就失去了一个朋友,多了一个敌人。你是愿意和敌人作邻居,还是和朋友作邻居呢?"

"当然是和朋友作邻居。"牧场主说。

"那好,我给你出个主意。你按我说的去做,不但可以保证你的羊群不再受骚扰,还会为你赢得一个友好的邻居。"法官如此这般交代一番。牧场主连连称是。

一到家,牧场主就按法官说的挑选了三只最可爱的小羊羔,送给猎户的三个儿子。看到洁白温驯的小羊,孩子们如获至宝,每天放学都要在院子里和小羊羔玩耍嬉戏。因为怕猎狗伤害到儿子们的小羊,猎户便做了个大铁笼,把猎狗结结实实地锁了起来。从此,牧场主的羊群再也没有受到骚扰。

为了答谢牧场主的好意,猎户开始送各种野味给他,而牧场主也不时用羊肉和奶酪回赠。渐渐地两人成了好朋友。

一开始,自私自利的猎户只图方便,根本不为自己的邻居着想,结果自己的猎狗总是咬伤邻居的小羊。猎户的邻居几次来恳求他也不为所动,因为他的心里只有他自己。无奈的牧场主听取了法官的意见,送了小羊给猎户的儿子们。此时猎户为了自己的孩子,便不得不把自己的猎狗拴起来,因为此刻小羊已经是他自己的了,他为了保护自己的羊,才会制伏自己的狗。牧场主就是利用了这一聪明的办法,才解决了问题。

我们绝不能做自私自利的猎户,自私地只考虑自己,这样身边的朋友会越走越远。长此以往,我们身边就再也没有朋友

弱点七
自私自利——换位思考，青少年要设身处地为他人着想

了，自私会导致没人愿意分享我们的喜怒哀乐，这样的生活是多么的可悲！

如果一个人仅仅想到自己，那么他的一生中，伤心的事情一定比快乐的事情来得多。

——西比利亚克

测一测：你能在无人帮助的情况下，掌握自己的"自私开关"吗？

1. 人类传统上习惯用动物作为家族的标志，哪种动物更适合做你家族的族徽？

A. 虎　　　B. 马　　　C. 燕子　　　D. 蜜蜂

2. 你当然是不会吃人肉的，不过快要饿死的时候没有其他选择也不吃吗？

A. 当然会吃　B. 有可能　C. 我不知道　D. 坚决不会

3. 和一个不怎么勤劳的同伴住在一个房间里，忍不住先打扫卫生的总会是你吗？

A. 不会　　　B. 说不定同伴会先动手，先等等再说

C. 不知道　　D. 往往如此

4. 有没有想过收养孤儿的问题？

A. 从来没有

B. 不知道

C. 如果聪明漂亮的话会考虑

D. 不管是否优秀，都会像亲生的一样对待

5. 对于孩子，如果不需要考虑养育费用，你的想法是什么？

A. 最好多生几个　　　　B. 一个就好

C. 没想过　　　　　　　D. 完全不想要

6. 一个很老的问题：如果亲人中老人和孩子同时掉进水里，你先救哪个？

A. 孩子　　　　B. 不知道

C. 老人　　　　D. 我不会游泳，所以不会跳下去

7. 你怎样确认爱人的忠贞度？

A. 要求拥有最大的经济权力

B. 让对方为自己做一些难办到的事

C. 至少要考验几次

D. 没有必要

8. 以下几种公益活动必选其一，你会选择哪个？

A. 希望工程　　　　　　B. 动物保护

C. 献血（可以全家受益）　D. 捐助残疾人

9. 以下说法你最能接受哪个？

A. 损人利己　　B. 等价交换　　C. 互不相欠　　D. 舍己为人

10. 你对三角感情的态度是以下哪种？

A. 只要喜欢，从对方伴侣手中抢过来也无所谓

B. 不介意共同爱一个人

C. 说不好

D. 多半会自动退出

弱点七

自私自利——换位思考，青少年要设身处地为他人着想

评分标准：

选"A"得1分，选"B"得2分，选"C"得3分，选"D"得4分。

测试结果：

10~16分：本能支配欲望的兽族

你的欲望强烈，常常对想要的东西产生无法抑制的占有欲。而"自私开关"相当不敏感，难以控制，因此你得遵循自己完全出于本能的欲望，如食物、性欲、生存权。这和野兽的思考方式相当接近，你只会为自己的家族牺牲个人欲望。需要抢夺别人的伴侣或争夺职位时，你绝不含糊。

17~25分：道德抑制欲望的人族

你并不是没有欲望，只是你的"自私开关"会在道德面前让步，把欲望转化为其他不那么赤裸裸的东西——只有人才会用这种方式思考，比如要求爱人要有浪漫主义的忠诚，而非要有一大笔金钱或多多益善的情人。其实当你做出一些利他主义的举动时，绝不是百分百出于本意，而是在潜意识里强迫自己压制住对占有金钱或性的冲动而已。

26~34分：利己控制欲望的鸟族

大多数鸟类天生需要集体生存，但并非出于真心，而是因为弱小而产生的自保主义。你的"自私开关"会被长远的利己主义控制，当你做出"孔融让梨"式的牺牲时，并非潜意识里真的不想占有，而是考虑到自己无力占有或者会引起麻烦，归

根结底是为了自己能得到更多的利益。

35~40分：性格压抑欲望的虫族

你的"自私开关"常年处于断开状态，属于常常在公车上让座的一类人。但无欲无求其实违背生物的天性，压制自身对获取利益的欲望和冲动不能不说是一种病态。你对个人利益不太关心，将关注重点转移到了精神而非物质层面上的获取，宁愿舍弃自己的一些欲望而得到精神上的平静和满足感。

测一测：你是懂得分享的孩子吗？

从1~5中选择，1~5分别代表"完全没做到""极少做到""偶尔做到""经常做到""完全做到"

1. 春游时，我喜欢把带的零食和同学分享。

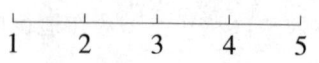

   ```
   1    2    3    4    5
   ```

2. 每次试卷发下来时，我喜欢与大家交流。

   ```
   1    2    3    4    5
   ```

3. 班级举行大讨论时，我勇于发表自己的观点和意见。

   ```
   1    2    3    4    5
   ```

4. 我有很多好朋友，经常会在一起交流学习的体会。

   ```
   1    2    3    4    5
   ```

5. 如果我被评为"三好学生"，我会很快把这件事告诉父母，和他们分享我的快乐。

   ```
   1    2    3    4    5
   ```

6. 如果学校举行募捐活动,我会毫不犹豫拿出自己的零用钱。

1　　2　　3　　4　　5

7. 家里有再好吃的东西,我也不吃独食。

1　　2　　3　　4　　5

8. 我认为改革开放的成果应该让全社会共同分享,这样才不会造成贫富差距。

1　　2　　3　　4　　5

9. 我有很强的环保意识,因为我们只有一个地球。

1　　2　　3　　4　　5

10. 我经常会换位思考,既同情弱者,又想去帮助弱者。

1　　2　　3　　4　　5

评分标准:

"完全做到"得5分;"经常做到"得4分;"偶尔做到"得3分;"极少做到"得2分;"完全没做到"得1分。

测试结果:

20分以下(含20分):你的面前亮起了"红灯"。不管是理念还是日常生活实践,你与"分享型"还有很大的距离。

21~30分:你的面前亮起了"黄灯"。你也许正在学习与你的亲人共同分享美好的生活,但与分享型家庭尚有一段距离。

31~40分:你的面前亮起了"绿灯"。你是一位懂得与人分享的人,给自己也给你的亲人带来了快乐。为了家庭的幸福,你还需继续努力。

41分以上:恭喜你,你正在享受着幸福的家庭生活!

分享,是你快乐的源泉

从前,有一位犹太教长老酷爱打高尔夫球。在一个安息日,这位长老突然很想打高尔夫球。按照犹太教的规定,信徒在安息日必须休息,不能做任何事情。但是,这位长老实在忍不住,决定偷偷地去高尔夫球场。

空旷的高尔夫球场上一个人也没有。长老高兴地想:"反正也没人看见我在打高尔夫球,我只打九洞就回去,应该没什么问题吧!"

于是,长老高兴地开始打球了。他刚打第二洞,就被天使发现了。天使非常生气,就到上帝面前去告状,要求上帝惩罚这位长老。

上帝答应天使要惩罚长老。

这时,长老正在打第三洞。只见他轻轻地一挥球杆,球就进洞了。这一球是多么完美,长老高兴极了!

天使默默地注视着这一切。令她感到意外的是,接下来的几个球,长老都是一杆就打进去了。天使非常不解,而且非常生气。她又跑到上帝面前说:"上帝呀,你不是要惩罚这位长老吗?怎么不惩罚他呢?"

上帝说:"我已经在惩罚他了!"

弱点七
自私自利——换位思考，青少年要设身处地为他人着想

天使看了看长老，只见极度兴奋的长老早已忘记自己只打九洞的计划，决定再打九洞。天使不解地问上帝："我怎么没见您在惩罚他？"上帝笑而不语。

这位长老又打完了九洞，每次都是一杆就进洞。长老心里很高兴，但是不一会儿，他就露出了不悦的表情。

上帝语重心长地对天使说："你看见了吗？他取得了这么优秀的成绩，心里十分高兴，但是他却不能跟任何人讲这件事情，不能跟任何人分享心中的愉悦，这不是对他最好的惩罚吗？"

天使这才恍然大悟。

分享是一种美德，更是一种快乐。萧伯纳曾经说过："你有一个苹果，我有一个苹果，彼此交换，每个人只有一个苹果。你有一种思想，我有一种思想，彼此交换，每个人就有了两种思想。"分享能够让我们减少痛苦，获得快乐。一个人在生活中需要与人分享自己的痛苦和快乐，如果他自私地不肯与别人分享，那么他的人生就是一种惩罚。

人都会有一种"自我中心"的心理，这种心理根源于他人的溺爱。为了不让我们因这种来自长辈的溺爱变得自私自利，我们要学会怎样去爱人，学会怎样为别人着想，与人分享自己的所有。

与别人分享好吃好玩的东西，对别人说一些关心体贴的话，同情并帮助有困难的人，不计较别人的过错，对别人能够宽容和谦让……我们的爱心就是通过这样一次次的行为模仿和强化而逐渐形成的。

玲玲说：有一次，学校组织演讲比赛，老师让她参加。当

她手足无措的时候,她的同桌小冰帮助了她。小冰帮她找到了演讲材料,课余还帮助她练习,并多次帮她分析各个环节应注意的问题,培养她的自信,鼓励她大胆去做。比赛时,玲玲心慌意乱,这时看见小冰正站在台下向她微笑挥手助威,不一会儿紧张情绪就自动消失了。她从容地站在舞台中央,展示出全部的热情。皇天不负苦心人,玲玲最后终于以优异的成绩脱颖而出,她不禁暗自庆幸。这时往台下一看,只见小冰高兴地大喊大叫,手舞足蹈。当玲玲拿着奖状走到小冰跟前时,小冰突然紧紧地抱着玲玲兴奋地说:"成功了,成功了!"她拿着奖状东看看西瞧瞧,还不停地向周围的人炫耀,仿佛领奖的不是玲玲,而是她!看着眼前的这位好友,一瞬间,玲玲明白了,快乐原来是这样互相传递的。你的快乐,与别人分享后,会获得更大的快乐,这样不仅自己快乐,他人也快乐了。

所以,人与人之间确实需要这样一种分享。不仅可以分享快乐,分享成功的果实,当你难过的时候,也可以与他人一起解忧。只要你打开心扉,愿意与他人分享你的感受,忧愁自然会消失,快乐也自然会永远传递下去,从而营造出轻松愉悦的生活氛围,勾勒出一个更加快乐的世界。

人性闪光点

人与人之间确实需要这样分享。不仅可以分享快乐,分享成功的果实,当你难过的时候,也可以与他人一起解忧。只要你打开心扉,愿意与他人分享你的感受,这样忧愁自然就会消失,快乐也自然会永远传递下去。

弱点八

三心二意

——专心致志,青少年要一心一意做好每件事

本质分析:

三心二意是一种注意力不集中的状态。处于这种状态中的孩子总是缺乏思想集中力,他们行为冲动,没有耐性,做事没有明确的目的性,自制力很差。有时做事不考虑后果,对一件事情不能完成容易灰心丧气,因此很容易转换目标。每件事要想成功都需要十足的努力去完成,而三心二意会让人轻易地放弃之前的努力,因此成功就变得很遥远。

实际表现:

(1)集中注意力时间短,做事不专心,容易受到别人的影响。

(2)对一件小事也会反应强烈,情绪激动,并且好长时间都平静不下来。

(3)做任何事都很慢,比别人要花费更多的时间。

(4)做事很容易分心,外界有任何风吹草动都要去关注。

（5）做事不注意细节，常常出现粗心大意造成的错误。

（6）做事难以持久，易受干扰，一件事没做完就去干别的事。

（7）与人说话时，常心不在焉，似听非听。

（8）常常很难安排好自己的日常学习和生活。

（9）常常不愿意或逃避需要用脑的事情，遇事易冲动，易发脾气。

用心不专，任何事都无法做成

有这样一则寓言故事：

有一个农夫一早起来，告诉妻子说要去耕田，当他走到田里时，却发现耕种机没有油了；原本打算立刻要去加油的，突然想到家里的三四只猪还没有喂，于是转回家去；经过仓库时，望见旁边有几个马铃薯，他想起马铃薯可能正在发芽，于是又走到马铃薯田去；路途中经过木材堆，又记起家中需要一些柴火；正当要去取柴的时候，看见了一只生病的鸡躺在地上……这样来来回回跑了几趟，这个农夫从早上一直忙到夕阳西下，油也没有加，猪也没有喂，田也没耕，最后什么事也没有做好。

相信现实生活里，有很多人跟故事中的农夫一样没有定力，常常很难把一件重要的事完成。这是因为作为执行者，他没有为完成一个任务下定决心，而是三心二意，最终一事

弱点八
三心二意——专心致志，青少年要一心一意做好每件事

无成。

忙忙碌碌是一种病，病根就在三心二意。现在的青少年都有故事中农夫的问题。每件事都想做，但做每件事都三心二意，所以每件事都做不好，最终落得个一事无成的下场。

有些青少年朋友做事三心二意大多是因为他们希望能尽快达到自己的目标，在做事时只重视结果，不重视过程。乌龟能够长寿是因为它常年修炼所得；兔子怎耐得住如此寂寞，因此只好寻找捷径，力争速成。鲲鹏扶摇而上者九万里，本是一生拼搏而来；燕雀怎经得起如此困苦，不得不找寻秘方，伤筋动骨，以求速成。老鼠吃着残菜，躲在暗处，见人就跑，其机灵本于九死一生中得来；大象怎受得起如此委屈，只好强行瘦身，以求速成。而速成只是一种偷工减料的努力，这样势必难以获得完全的成功，反而会让行动者受到更大的打击。

有的青少年朋友常把自己的思绪搞得一团乱，在这种混乱的生活状态中，他们的内心渐渐失去平衡，变得没有条理，生活目标也跟着盲目起来。他们的思维混乱，不知道该先做什么好，于是开始盲目地做事。人的精力是有限的，青少年朋友最好能选定一个方向，然后一心一意地去做好这件事。若是三心二意，什么都想去做，最后却什么都没有做好，那么到头来只能是一事无成，浪费自己的大好年华。

人之才，成于专而毁于杂。

——王安石

测一测：你是个三心二意的人吗?

1. 因为心情不好，你常常会耽误一些事情。

    A. 是　　　　　　　　B. 否

2. 有时候你害怕失败，所以做事情就三心二意。

    A. 是　　　　　　　　B. 否

3. 没有十足的把握你不愿意开始做某件事情。

    A. 是　　　　　　　　B. 否

4. 做事三心二意的时候你并不会感到十分内疚。

    A. 是　　　　　　　　B. 否

5. 你常常感到自己没有完成什么有价值的事情，这是因为你对自己要求太严了。

    A. 是　　　　　　　　B. 否

6. 你常常会说自己马上去做某事，但是并没有行动起来。

    A. 是　　　　　　　　B. 否

7. 你常常很勉强地去做一些自己实际上不想做的事情。

    A. 是　　　　　　　　B. 否

8. 你做事情拖拖拉拉。

    A. 是　　　　　　　　B. 否

9. 你总觉得好像有很多事情要做，但又不知道如何开头。

    A. 是　　　　　　　　B. 否

10. 你常常会下决心做某件事情，但过后又没有去做。

    A. 是　　　　　　　　B. 否

弱点八
三心二意——专心致志，青少年要一心一意做好每件事

11. 在假期开始的时候，你总是想作业只需用最后半天就可以写完，所以不用马上开始。

    A. 是　　　　　　　　B. 否

12. 你常常是一边吃饭一边看电视。

    A. 是　　　　　　　　B. 否

13. 你常常感到浑身无力，想睡觉。

    A. 是　　　　　　　　B. 否

14. 你习惯于上厕所时看书看报。

    A. 是　　　　　　　　B. 否

15. 你常常不能坚持自己的意见，哪怕是正确的，如果有人不停地反对，你还是会放弃。

    A. 是　　　　　　　　B. 否

16. 你经常晚交作业。

    A. 是　　　　　　　　B. 否

17. 长跑练习时，你常常会中途退出，不能坚持到终点。

    A. 是　　　　　　　　B. 否

18. 你早上总喜欢赖床，不想早起。

    A. 是　　　　　　　　B. 否

19. 只要碰到挫折，你就会放弃正在努力去实现的愿望。

    A. 是　　　　　　　　B. 否

20. 你经常上课迟到。

    A. 是　　　　　　　　B. 否

21. 每次外出时，你都算准时间出发，宁愿稍微迟一点也不

我的责任我担当

想早出门。

A. 是 B. 否

22. 你给自己定的学习计划常常不能如期完成。

A. 是 B. 否

评分标准：

选择"是"得1分，选择"否"得0分。

测试结果：

0~8分：**做事比较积极，不会三心二意**

因为你已经习惯了对自己严格要求，或者对自己的能力比较自信，所以做事的主动性比较强，也很专心，不会三心二意。

9~16分：**有时做事会没有主心骨，会三心二意**

这对于你的学习、生活是不利的。当日常生活中出现三心二意的情况时，必须要注意并加以改善。

17~22分：**做事经常三心二意**

你处于一种松散无规律的生活状态中，因此做事总会三心二意。久而久之，很可能会带来抑郁的问题。一旦你养成了这种生活习惯，就很难改正。比较常用的改正方法就是制订计划，完成计划，养成一心一意做一件事，做事不半途而废的习惯。

弱点八
三心二意——专心致志，青少年要一心一意做好每件事

测一测：你有多三心二意？

假设你站在十字路口，请问你会选择哪个方向？

A. 往东走　　　B. 往西走　　　C. 往北走　　　D. 往南走

测试结果：

选A的人：你是稳重、意志力比较强的人。有时遇到挫折你会产生放弃的念头，但不会三心二意。一旦决定了要做的事，你就会一心一意地去做，算是有始有终的成功者。因此找出你的兴趣，做你感兴趣的事情很重要。

选B的人：你极富责任感，但是必须在别人要求或监视之下才肯做好。能顺从别人是你做事的一大特色，并不十分坚持己见。对于个人兴趣也是如此。因此有时会受身边人的影响而放弃之前的目标，显得有些三心二意。

选C的人：你是一个苦干型的人物，也有相当好的领导能力。你做事充满理性，不会轻易插手干涉或处理别人的事。一向可以很清楚地区分别人是别人，自己是自己。因此不会受到别人的影响，能坚定地去实现自己的目标，是个一心一意的执行者。

选D的人：你的内心很脆弱，常有挫折感，做事很难让人满意。需要别人的帮助才能做好事情，有很强的依赖心。你对自己有太多期望，对自己的能力表现要求较高，因而使自己变得比较胆怯。遭受挫折后就改变自己之前的目的，转而去做其他事，最终因为不够努力而一事无成，是一个典型的三心二意者。

我的责任我担当

要想成功，青少年要从现在起克服三心二意的弱点

如果一天中有充裕的时间，有些人愿意为了高效率而去做好几件事情。可是如果同时去做两件事情的话，即使用一年的时间，这些人也不会取得令人称道的成绩。因为三心二意地做事是不会成功的，只有一心一意才是通往成功的捷径。

在非洲的拉马河畔，肥嫩的青草地一望无际，草丛中的一群群羚羊正在那儿欢快觅食。突然，一只非洲豹向羊群扑去，羚羊受到惊吓，开始拼命地四散奔逃。非洲豹盯着一只未成年的羚羊穷追不舍。在追和逃的过程中，非洲豹超过了一只又一只站在旁边惊恐观望的羚羊，但它只是一个劲地向那只未成年的羚羊追去。

在追赶的过程中，非洲豹为什么不放弃先前那只羚羊而改追其他离它更近的羚羊呢？因为非洲豹已经跑累了，但其他的羚羊并没有跑累。如果在追赶途中改变目标，其他的羚羊一旦起跑，转瞬就会把疲惫不堪的非洲豹甩到身后，因此非洲豹始终专注于已经被自己追赶累了的羚羊，直至它成为猎物。

一心一意地专注自己的事情，是每个人取得成功不可或缺的品质。当你能够一心一意去做每一件事时，成功就会向你招手。然而许多青少年朋友做事总喜欢三心二意，比如喜欢一边吃饭一边看电视，一边学习一边听音乐等。这些都不是好习惯，青少年朋友若不能专心致志地做事，就可能会因为注意力不集中而失败。所以，盯住目标，一心一意地做好眼前的事，

弱点八
三心二意——专心致志，青少年要一心一意做好每件事

成功就会在你猛一抬头间出现。

学会一心一意、专心致志地做事情，能帮助青少年朋友养成良好的学习习惯。有人做过这样的实验：一个学生一心一意地去背课文，只需要读9遍就能达到背诵的程度；而同样难度的课文，他在三心二意的状态下，竟然要读100遍才能记住。学会一心一意做事，既能提高做事的效率，也能提高记忆的能力，对于促进青少年朋友的发展是大有帮助的。但这需要青少年朋友从身边小事做起，从现在做起。

"鬼斧神工"一词出自《庄子·达生》。说的是有一个叫梓庆的人很善于做一种叫作夹钟的乐器，当时山东的县令问他为什么夹钟做得这么好，梓庆回答："我准备做夹钟时，前三天就会静下心来，不再想庆贺、赏赐的事情；紧接着五天，不再想非议、毁誉；再接着七天，就要做到不为外物所动，甚至忘记自己的身体和四肢，这个时候满脑子就只有夹钟了，不会想是为朝廷做还是为哪一个有钱人做，没有任何顾虑和杂念，除了夹钟还是夹钟。然后我一个人到深山老林去转悠，找做夹钟的材料，这个时候心里想的是夹钟，眼里也全是夹钟，一看到好的材料就像鬼神送来的一样。我这是用自然去配合自然，做出的夹钟自然就像鬼斧神工一样。其实也没有什么诀窍，只是做夹钟的时候一心一意而已。"

青少年朋友如果能够像梓庆做夹钟一样，在做事的时候，除了正在做的这件事，别的什么事情都不想，一心一意地去做事，将其他杂念驱逐出脑外，那么就没有什么事做不成功的。

如果一个人无法将所要关注的对象集中于心上，或者无法将不必集中的对象驱逐出脑外，那这样的人做任何事都将一无所获。

有位青年人非常刻苦，可事业上却没什么起色。他找到昆虫学家法布尔说："我不知疲倦地把自己的全部精力都花在了事业上，结果却收获很少。"

法布尔同情又赞许地说："看来你是一个献身于科学的有志青年。"

这位青年说："是啊，我爱文学，我也爱科学，同时对音乐和美术的兴趣也很浓，为此，我把全部时间都用上了。"

这时，法布尔微笑着从口袋里掏出一块凸透镜，做了一个小实验：当凸透镜将太阳光集中在纸上一个点的时候，很快就将这张纸点燃了。

接着，法布尔对青年说："把你的精力集中到一个点上试试看，就像这块凸透镜一样！"

很多青少年都有故事中青年的类似经历，忙碌了一整天，临睡前回想起来，却一件事情也没有完成。这样的人即使读书两三个小时，所看到的也只是文字的表面而已，根本没有读到脑子里，这就是三心二意的结果。

不论做什么事情，我们都必须拼尽全力地去做，如果半途而废，倒不如不做。一旦我们决定去做某一件事情，就要一心一意地去做这件事，并且要做好这件事。

一个人的精力和才智是极其有限的，三心二意的人，终将一事无成。拿破仑曾说："战争的艺术就是在某一点上集中最大优势兵力。"青少年朋友要让自己的思想和行动都朝着一个目标努力，尽管有时会被一些纠缠不清、难以下手的问题搅得心烦意乱，但是经过不懈的努力，最终一定会排除障碍。当你到达目的地的时候，回头看一看自己走过的路，你会发现，只有一心一意才是通往成功的捷径。

人性闪光点

一个人的精力和才智是极其有限的，三心二意的人，终将一事无成。青少年朋友要让自己的思想和行动都朝着一个目标努力，尽管有时会被一些纠缠不清、难以下手的问题搅得心烦意乱，但是经过不懈的努力，最终一定会排除障碍。当你到达目的地的时候，回头看一看自己走过的路，你会发现，只有一心一意才是通往成功的途径。

下篇

战胜外在的弱点

弱点九

心高气傲
——低调谦逊,少年不要总以为自己是最优秀的

本质分析:

人不能没有一些傲气,尤其对青少年来说,在适当的范围内,心高气傲可以激发昂扬的斗志,树立必胜的信心,坚定战胜困难的信念,使自己能勇往直前。但是,这种自傲又必须建立在客观现实的基础上,不要总以为自己是最优秀的。如果脱离了实际,那么心高气傲的心理不但不能帮助青少年成就事业,反而会影响他们的生活、学习和人际交往,严重时还会影响心理健康。

实际表现:

(1)自视过高,认为自己非常了不起,看不起别人,总认为自己比别人强很多。

(2)很少关心别人,与他人关系疏远。

(3)时时事事都从自己的利益出发,从不顾及别人。

(4)不求于人时,对人没有丝毫的热情,似乎人人都应为

自己服务。

（5）固执己见，唯我独尊，总是将自己的观点强加于人。

（6）在明知别人正确时，也不愿意改变自己的态度或接受别人的观点。

（7）喜欢抬高自己贬低别人，把别人看得一无是处。

（8）极力去打击别人、排斥别人，当别人失败时，会幸灾乐祸。

积极进取，你还有进步的空间

赫兹利特曾说过："把自己的长处想得太多的人，就是要别人想及他的短处。"有一种人，他们总是很自负，对待任何人、任何事都心高气傲，从不把别人看在眼里，总是一副自以为是的样子。殊不知，这种心高气傲的心理其实是一种盲目乐观主义的表现，它像一个混满烂泥的泥潭，一旦陷进去就很难爬出来，使我们终日沉湎于自己往日的风光之中，看不到未来的路。

每个生活在地球上的人，由于所处环境的不同，接触人群的不同，所接收的知识必然是有所区别的。没有一个人能够在所有方面都精通，而更多的是很多方面都不怎么样，却独独一方面很有天分的人才。每一个人都有着自己的不足和特长。在这世上千千万万人之中，总有比我们强的人。所以我们做事要量力而行，切不可过分自信。如果一个人太过心高气傲，认为自

弱点九
心高气傲——低调谦逊，少年不要总以为自己是最优秀的

己无所不能，那么他只是自欺欺人，最终只能成为别人的笑柄。

在一块石头下面，有一群蚂蚁。其中有一只力量非常大的蚂蚁，而且如此大力的蚂蚁还是史无前例的，它可以非常轻松地背起两颗稻粒儿。如果论勇气，它的勇气也是空前绝后的。它会像老虎钳一样一口咬住青虫，而且还敢单枪匹马地与蟑螂作战。因此它在蚁穴里名声大起，成为众多蚂蚁谈论和仰望的对象。

在以后的日子里，它每天都陶醉于那些赞扬的话语中。甚至有一天它想到要去城市里大显身手，让城市人也见识见识它这个大力士。于是，它爬上最大的卖柴车，大模大样地坐在车夫的身旁，像个君主一样地进城去了。

然而，满怀希望的大力士蚂蚁万万没有想到这一次进城却碰了一鼻子灰，它想象着人们会云集而来仰慕它这位大力士。可是，城里的每个人都在忙于自己的事情，根本就没人去理会它。于是大力士蚂蚁找到一片草叶，在地上把草叶拖啊拖的，它敏捷地翻筋斗，飞快地跳跃，可是没有人注意，更没有人来看。于是，当它卖力地耍完了十八般武艺之后，只能抱怨道："城里人太盲目太糊涂了，难道是我自以为是吗？我表演了各种武艺，却没有人给予真正的重视，如果你们来到我们蚁穴里就会知道，我在蚁穴里可是声名显赫的。"

心高气傲的人就如同这只大力士蚂蚁一样，总是觉得自己很了不起，自以为很优秀，然而一旦走出"蚁穴"，将自己和别人相比较，才发现原来自己有那么多地方不如别人。

我的责任我担当

　　有的人总是自命不凡，他们总是高估自己的能力，过度自高、自大、自以为是，就是不自知，这使得他们会不自觉地藐视别人的价值，把别人看得一文不值，甚至会以贬低别人来抬高自己。莎士比亚在他的戏剧中写道："拒绝生命，嘲笑死亡，只抱着野心，把智慧、思想、恐怖都忘却，正如你们所知，心高气傲是人类最大的敌人。"每一个青少年都不要过度自负，因为过于自负的人，最后只会在自己的心高气傲里走向毁灭。

　　某地某时，一个大学生跳楼自杀的消息瞬间传遍了整个大学校园。听到消息的人无不大为惊叹，特别是与死者熟悉的同学、老师与老乡，更为死者的轻生感到无比痛心。逝者已逝，可是谁又想到，四年前死者是何等的风光呢？

　　这个跳楼而死的男生四年前是以第一名的成绩考入这所重点大学的。入学后，学校的老师和领导都非常重视他，还花了半学期来进行他的个人宣传。于是，他成了全校的焦点人物，无人不知，无人不晓。同学的羡慕、老师的重视以及其他一些人的吹捧，让这个男孩感觉飘飘然，更以为自己是最优秀的、最了不起的。从此，他变得特别高傲自负，眼里再也容不下别人。他经常认为老师讲的课不好，索性就不去上课，甚至也不去参加任何集体活动，每天沉迷于网络游戏、武侠小说里的虚幻世界。老师为他的成绩下降而担心，找他谈话，劝导他戒骄戒躁。可是老师的话对他来说就像是吹过耳边的一阵风，他依然自信地认为，自己头脑聪明，对付那些考试简直是轻而易

弱点九
心高气傲——低调谦逊，少年不要总以为自己是最优秀的

举。如此这般，尽管在考试中他从未挂过科，但成绩却不再名列前茅。

转眼间大四到了，保研名单上没有他的名字。于是，他的自尊心无形中受挫，向全班同学宣称他一定要考上全国最著名大学的硕士研究生。从此，他便拼命地学习。可是，由于他大学几年专业功底实在太差了，在学习中他总是感到力不从心。研究生考试的成绩出来时，他的专业课都没有上线，这对于一向高傲的他无疑是一次沉重的打击。拿到成绩单时，他像霜打的茄子一样，无言地伫立了良久。

第二天，人们在宿舍楼前发现了他的尸体，他的衣袋里还装着那份浸满鲜血的成绩单和一封信。信上写着："我再也无法为自己感到骄傲了，所以我只有选择死亡，对于我而言，没有了骄傲就等于剥夺了我的生命……"

就这样，他走了，可是他至死也没有明白自己失败的原因。他的失败正是由于他一味地沉浸于自己一时的辉煌之中，把自己关在了象牙塔中。但是社会是发展的，一旦他美好的梦被现实击得支离破碎，他脆弱的心就无法承受，以至于精神崩溃，最后走上绝路。

一个人若种植虚心，那么他就会收获品德。然而一个人若播下一颗心高气傲的种子，那么他就只能收获众叛亲离，甚至是不堪设想的后果，就像那个男生一样。他骄傲自满，不听劝告，一味地滞留在原地自我膨胀，最终因承受不住心理压力，使本还可以有所作为的年轻生命走向了终结。正是他内心的软

弱，葬送了他美好的一生。

古人云：人外有人，天外有天。青少年要知道，世界上没有最强的人，只有更强的人。骄傲自大、自以为是只会让自己吃尽苦头，每一个青少年都不要为自己一点点的成功而沾沾自喜，更不要自以为是、盲目心高气傲，而要保持沉静的心态，谦逊地面对生活中的人和事。

人们把自己想得太伟大时，正足以显示本身的渺小。

——王尔德

测一测：你是个心高气傲的人吗？

1. 参加聚会时，你很想去洗手间，但你会忍着直到聚会结束吗？
2. 你的记忆力很好吗？
3. 如果你无意伤了别人的心，你会难过吗？
4. 你认为你的优点多于缺点吗？
5. 如果店员的服务态度很恶劣，你会去找他们的经理吗？
6. 面对旁人的批评，你会感到难过吗？
7. 你很少对别人讲出你真正的看法吗？
8. 你经常怀疑周围人对你的赞美吗？
9. 你经常强迫自己做很多不愿意做的事情吗？
10. 你满意自己的外表吗？
11. 你觉得自己的能力比别人强吗？
12. 你常常羡慕别人取得的成就吗？

弱点九
心高气傲——低调谦逊，少年不要总以为自己是最优秀的

13. 你是一个受欢迎的人吗？

14. 为了不使家人难过，你会放弃自己喜欢做的事吗？

15. 你很有幽默感吗？

16. 你懂得怎样搭配衣服吗？

17. 危急时刻，你也能保持镇定吗？

18. 你与别人合作得很好吗？

19. 你认为自己很平常吗？

20. 你常常希望自己长得像某个人吗？

21. 聚会上，只有你自己穿得不正式，你会感觉不自然吗？

22. 你觉得自己非常有魅力吗？

23. 你会为了讨好别人而打扮自己吗？

24. 你总是感觉自己不如别人吗？

25. 你认为自己属于成功的人吗？

26. 你的生活任由他人来支配吗？

27. 你会经常欣赏自己的照片吗？

28. 即使你没有错，也常常对别人说对不起吗？

29. 如果想买件内衣，你会在网上购买吗？

30. 你希望自己有更多的天赋和才能吗？

31. 买衣服之前，你会先听取别人的意见吗？

32. 在聚会上，你常常不会先主动与别人打招呼吗？

33. 你有很强的个性吗？

34. 当你下定决心，可是没有一个人赞同时，你依然会坚持到底吗？

35. 你觉得自己很有吸引力吗?

36. 你经常听从他人的意见吗?

评分标准:

第1、4、10、11、13、14、15、16、17、18、19、26、34、35、36题,答"是"得1分,答"否"得0分;其余各题答"是"得0分,答"否"得1分。

测试结果:

11分以下:你对自己不是很有信心。你过于谦虚和自我压抑,因此常常被别人支配。要尽量不想自己的短处,多想自己的优点;先要自己看重自己,别人才会看重你。

12~24分:你颇有自信,特别在意自己的才能和成就,但有时或多或少会因缺乏安全感而怀疑自己。不妨多提醒自己,在某些方面你并不比别人差。

25~36分:你对自己信心百倍,清楚自己的优点,同时也明白自己的缺点。如果你的得分接近36分,就会被人认为心高气傲,甚至有点嚣张。你要尽量在别人面前谦虚一点,这样才会受欢迎。

低调一点,骄傲自满容易招人嫉恨

在如今这个快节奏又有些浮躁的年代,骄傲似乎已经成

弱点九
心高气傲——低调谦逊，少年不要总以为自己是最优秀的

了每个青少年支撑自己的精神脊梁。确实，人不能没有一些傲气，尤其对青少年来说，在适当的范围内，心高气傲可以激发昂扬的斗志，树立必胜的信心，坚定战胜困难的信念，使自己能勇往直前。但是，这种自傲又必须建立在客观现实的基础上，不要总以为自己是最优秀的，而要谦逊地面对学习和生活。

谦虚是一种可贵的品格。任何人都难免会有一些缺点，谁也不能说自己是全才。事实上，有错并不可怕，可怕的是那些心高气傲的人会固执己见，明知自己错了还要坚持自己的态度而不愿意接受别人的观点，最终造成无法挽回的后果。

一个夏夜，一只飞蛾被追得落荒而逃，躲在一个屋角。这时一只蝴蝶不慌不忙地从书房里飞了出来，落在飞蛾的身边，对飞蛾说："朋友，发生了什么事让你这样狼狈啊？"

"你不知道，我被人拿着灭虫剂一路追赶，差点命丧黄泉，幸好我逃得快呀！唉！真是太惊险了。"说完飞蛾长长地舒了一口气。这时懒洋洋的蝴蝶不以为然地瞪了飞蛾一眼，说："哼！一样地活着，我们凭什么要害怕他们人类呢？"飞蛾听后非常吃惊，问蝴蝶："照你这样说，你是不怕他们人类了？"蝴蝶狂妄地搓了搓前爪，自以为是地说："曾经是怕他们的，不过现在我才不怕呢！""你为什么不怕呢？"蝴蝶落在书桌上一本打开的书上，对飞蛾说："这是一本哲学书，读读吧，看这上面是如何写的，'一只蝴蝶在大洋的另一边扇动翅膀，就可能导致美国气候的变化……'这回知道我有多厉害了吧？只要我轻轻扇动一下翅膀，哼！他们还不知道要被吹到

哪里去呢！"

"但是，你以前有没有把人吹走过呢？"飞蛾半信半疑地问蝴蝶。

"以前我不知道自己有这么大的威力，所以没有尝试过，也没有信心与人类斗。现在不同了，我充满自信，只要给我找个人，我肯定会取胜。"说完，蝴蝶很得意地笑着。

这时，一只壁虎爬了过来，被飞蛾看到了。它立刻飞起来，同时提醒蝴蝶："快跑啊，有壁虎来了！"蝴蝶不以为然地看了壁虎一眼说："哼！人类我都不怕，一只小小的壁虎就能把我吓倒吗？正好让你见识见识，看我不把你扇到地球的另一面去！"

傲慢的蝴蝶非但没有逃开，反而充满自信地挥舞着翅膀向壁虎扑去。壁虎一张嘴，在舌头伸缩之间，可怜的蝴蝶就不见了。飞蛾无奈地叹了口气，飞走了。书房里，一阵风轻轻吹过，哲学书也被翻到了下一页……

蝴蝶最终因为自己的骄傲而付出了代价。不论是断章取义，还是自大自满，都是不可取的。当别人对自己提出质疑和善意的提醒时，应该主动去核实情况，做到真正地了解，然后再自信满满，盲目地自信最终只会使自己走向失败。想想倘若蝴蝶能够谦虚些，听进飞蛾的劝阻，也许它不会这样轻易地葬送自己的生命。

"谦受益，满招损"是流传千年的古训，青少年朋友要将谦虚视为一种美德。有一位智者曾写下这样几句话："对上级

弱点九
心高气傲——低调谦逊，少年不要总以为自己是最优秀的

谦逊，是一种本分；对平级谦逊，是一种和善；对下级谦逊，是一种高贵；对所有的人谦逊，是一种安全。"谦逊会使一个人从平凡走向辉煌，而心高气傲则往往会使一个人从成功的巅峰滑向失败的深渊。

做人做事谦逊低调、不刻意夸大自己的能力，这既是一种淡泊名利的人格魅力，也是一种处世的智慧。然而，现实生活中却有一些人目空一切，沉醉在自我膨胀的自信中。比如，在学习上，有些人喜欢吹嘘自己的博学，只是留过学，看过几本书，就敢自称饱学之士、满腹经纶。虽然这种人很容易引起他人的注意，求一时之名，得一时之利，但他们肯定会行之不远，登之不高。

达·芬奇曾说过："微少的知识使人骄傲，丰富的知识使人谦逊，所以空心的禾秆高傲地举头向天，而充实的麦穗却低头向着大地。"这种低调的谦逊背后往往隐含着真正的大智慧。

现代社会最大的问题就是骄矜之气盛行，千罪百恶都是产生于骄傲自大之中。心高气傲的人，不肯屈就于人，不能忍让于人。他们看重自己的利益，不会顾及他人，更不会关心他人。他们以为自己很了不起，总是把自己凌驾于他人之上，对自己的学识与能力评价过高，却看不到自己的短处。有心高气傲心理倾向的青少年，对自己和别人的看法往往是："我是最好的，别人批评我是出于嫉妒，其实他根本就不如我。"

心高气傲的对立面是谦逊礼让，要做到"谦受益"，就一定不要居功自傲。每一个青少年在生活中，都要常常考虑到自

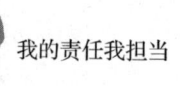

己的问题和错误,虚心地向他人请教学习。这一点,伟人为我们树立了很好的榜样。

托马斯·杰斐逊是美国第三任总统,1785年他曾担任美国驻法大使。一天,他去法国外长的公寓拜访。"您代替了富兰克林先生?"法国外长问。"是接替他,没有人能够代替得了富兰克林先生。"杰斐逊谦逊地回答。杰斐逊的谦逊给法国外长留下了深刻的印象。

在"二战"之后,因为丘吉尔有卓越功勋,在他退位时,英国国会打算通过提案,塑造一尊他的铜像放在公园里供游人景仰。一般人享此殊荣,高兴还来不及,而丘吉尔却一口拒绝了。他说:"多谢大家的好意,我怕鸟儿在我的铜像上拉粪,那是多么的有煞风景啊!所以我看还是免了吧。"丘吉尔的谦逊为他博得了后人的尊敬。

著名艺术家梅兰芳在一大戏院演出京剧《杀惜》,演到精彩处,场内喝彩声不绝。这时,从戏院里传来一位老人的喊声:"不好!不好!"梅兰芳循声看去,是一位衣着朴素的老人。于是,戏一散场,他就用专车把这位老先生接到住地,待如上宾。梅兰芳恭恭敬敬地说:"说吾孬者,吾师也。先生言我不好,必有高见,定请赐教,学生决心亡羊补牢。"老者见梅兰芳如此谦恭知礼,便认真指出:"惜姣上楼与下楼之台步,按'梨园'规定,应是上七下八,博士为何八上八下?"梅兰芳一听,恍然大悟,深感自己疏漏,纳头便拜,称谢不止。以后每在此地演出,梅兰芳必请老者观看并请其指正。梅

弱点九
心高气傲——低调谦逊，少年不要总以为自己是最优秀的

兰芳的谦虚大度，不仅使自己的艺术造诣更进一步，也使自己的德行操守胜人一筹，受人尊敬。

青少年朋友要牢记，自夸是明智者所避免的，却是愚蠢者所追求的。人们所尊敬的是那些谦逊的人，而绝不会是那些爱慕虚荣和自夸的人。做一个谦逊的人，实际上就是要做一个被人认同和喜爱的人。全面地认识自我，既要发现自己的长处与优点，又要看到自己的不足与缺点，绝不能"一叶障目，不见泰山"。每个人都会有自己的独到之处，同时也会有不及他人的地方，我们要学习别人的优点，肯定别人的才华，不能因为别人比自己强而心生敌意，并恶意诬蔑、抨击他人。

人性闪光点

"谦受益，满招损"是流传千年的古训，青少年朋友要将谦虚视为一种美德。谦逊会使一个人从平凡走向辉煌，而心高气傲则往往会使一个人从成功的巅峰滑向失败的深渊。

弱点十

心浮气躁
——踏实肯干，认真是少年做成每件事的前提

本质分析：

心浮气躁的人做事总是表面化，经常心不在焉，浅尝辄止，一副坐卧不宁、失魂落魄的样子。心浮气躁的心理是青少年成功的大敌。浮躁的人不但学习不会好，而且做任何事情都会做不好。很多事情的失败就是因为一些小小的失误导致的，而小小的失误就是因为浮躁导致的。青少年朋友要沉着冷静，沉下心来才能做好自己的事，从而取得最后的成功。

实际表现：

（1）做事心神不定，缺乏恒心和毅力。

（2）对一件东西、一种现象或者某一个人的专注力不能持久。

（3）好大喜功，充满"天上掉馅饼"的幻想。

（4）缺乏艰苦奋斗的精神，却存在着侥幸成功的奢望。

（5）面对急剧变化的社会，不知所为，对前途无信心。

弱点十
心浮气躁——踏实肯干，认真是少年做成每件事的前提

（6）在情绪上表现出一种急躁心态，急功近利。

（7）在与他人的攀比之中，透出一种焦虑的心情。

（8）由于焦躁不安，情绪取代理智，行动具有盲目性，行动之前缺乏思考。

（9）见异思迁，急于求成，不能脚踏实地地做事。

内心浮躁是很多青少年需要克服的弱点

当今社会处处充满着利益的诱惑，这种风气使很多青少年朋友变得心浮气躁，做事欠缺计划、不计后果，总是急功近利。这种不健康的心理并不能帮助我们得到我们想要的，甚至越是迫不及待地希望成功，就越不容易成功。因为浮躁已经控制了我们的思想，使我们不能清楚地看到自己目前的处境，结果当然只会适得其反。

一个心浮气躁的人是没有耐心和恒心去品味成功的艰辛滋味的，他们整日幻想有一天财富突然降临，可以省去自己的努力和艰辛，这都是不现实的。李嘉诚之所以能成为富翁，不是靠急功近利，而是一步一个脚印，踏踏实实奋斗了几十年得来的。他深知：只有经历千辛万苦，才能拥有最终的甜美，而那些缺乏吃苦精神的人却不明白这个简单的道理。

心浮气躁是青少年成功的大敌，有些人做事仅凭一时冲动，既没有准备，又没有计划，结果总是事与愿违。要知道，欲速则不达。正是因为他们太过浮躁，不懂得循序渐进，只是一味地追求急功近利，最后才落得个失败的下场。

有个多次失意的年轻人,感到自己在工作单位很没有面子。单位的领导从没有让他担任过重要的职位,也没有提拔他的意思,因此他决定出去寻求名人指点。这个年轻人不远千里来到普济寺,慕名找到老僧释圆,非常沮丧地对老僧说:"人生处处不如意,活着好似偷生,没有什么意思。"

释圆镇定地听着年轻人的唠叨与叹息。等年轻人说完之后,他才吩咐小和尚道:"这位施主远道而来,去烧一壶温水送过来。"

过了一会儿,小和尚提了一壶温水过来。释圆拿了茶叶放进杯子,然后倒进温水,放在茶几上,面带微笑地请年轻人喝茶。杯子里冒出微微的热气,茶叶静静地浮在上面。年轻人不解地问道:"大师为何用温水沏茶?"

释圆笑而不答。年轻人喝一口细细品味,不住地摇头:"一点茶香都没有。"

释圆说道:"这可是闽地最有名的茶叶铁观音啊!"

年轻人听后又端起杯子细细品尝,然后肯定地说:"真的一丝茶香都没有呢。"

释圆又吩咐小和尚道:"再去烧一壶沸水送过来。"

不一会儿,一壶冒着腾腾白气的沸水被小和尚提了进来。释圆走过去,又拿了一个杯子,放进茶叶,倒进沸水,再放在茶几上。年轻人低头看去,茶叶在杯子里上下翻动,<u>丝丝清香不觉入鼻,让人望而生津</u>。年轻人正要端杯,释圆趁势挡开,又提起水壶倒入沸水。这时茶叶翻腾得更加厉害了,更醇厚、更醉人的茶香缕缕升腾,弥漫在禅房的各个角落。释圆如此注

弱点十
心浮气躁——踏实肯干，认真是少年做成每件事的前提

了五次水，杯子终于满了。满满的一杯茶，端在手上香气扑鼻，喝上一口沁人心脾。

释圆微笑着问道："现在施主可知道，同是铁观音，为何茶味迥异？"

年轻人想了一会儿说："一杯用温水，一杯用沸水，所用的水不同。"

释圆点头道："用的水不同，茶叶的沉浮就不同。温水沏茶，茶叶漂浮于水上，怎么会散发茶香？沸水沏茶，反复多次，茶叶浮浮沉沉，释放出四季的韵味：既有春的清幽、夏的炎热，又有秋的丰硕、冬的甘洌。芸芸众生的人世，与沏茶的道理相同，温度不够的水不可能沏出一壶好茶。同样，能力不足的人也不会处处得力，事事顺心。要想摆脱失意，最好的办法就是勤学苦练，提高自身的能力。"

年轻人听完后，顿时省悟，回去便勤奋学习，虚心向人请教，不久就得到单位领导的重用。

只有水温够了茶才会香醇，功夫到了自然会成功。青少年朋友若想取得成功，就要学会沉稳处事，不心浮气躁。只有不断地要求自己、完善自己，才会使自身不断适应社会和时代的变革。然而现在不少青少年朋友已经很难平静地听完老师和家长的话，并难以看完一本名著或欣赏完一首名曲，甚至对基础理论课的学习都不感兴趣，他们希望立竿就能见到影。这种浮躁的心理都是源于年轻人急于求成、渴望成功的迫切心态，这是青少年朋友成功的大敌。

浮躁是指轻浮，做事没有恒心，见异思迁，不安分守己，

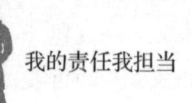

总想投机取巧，整天无所事事的一种表现，这是一种病态的心理。浮躁是人类所面临的普遍状态，是失衡的心态在作祟。当压力太大、急于求成、过分追求完美等问题出现而不能得到圆满的解决时，人们便会滋生浮躁心理。

曾经有兄弟二人，他们非常有孝心，为了给母亲治病，每天都要上山砍柴。有位神仙为了帮助他们，便告诉他们把四月的麦子、八月的高粱、九月的稻谷、十月的豆子、腊月的白雪放在用千年泥做成的大缸里密封七七四十九天，待鸡叫三遍后取出汁水卖钱。

兄弟两个都按照神仙的教法各做了一缸。等到第四十九天，鸡刚刚叫第二遍时，哥哥耐不住性子打开缸盖，看到里面竟是又黑又臭的污水，一生气便把水全都洒在地上。而弟弟则坚持到鸡叫第三遍后才打开缸盖，里面则是又香又醇的酒。弟弟高兴地拿这些香醇的美酒去卖钱，最后治好了母亲的病。

心浮气躁的哥哥由于等不及而提早打开了缸盖，不仅浪费了原料，又未尽到孝心，使自己的一切努力都功亏一篑。这个故事给了我们一个警示：很多时候，耐心、沉稳的心理才能帮助我们，而急功近利的浮躁心理只会让我们失败。

成功常成于坚忍，毁于急躁。

——萨迪

测一测：你有浮躁心理吗？

1. 你不能控制自己的情绪，遇事容易着急。

弱点十
心浮气躁——踏实肯干，认真是少年做成每件事的前提

2. 你经常心神不宁，烦躁不安。

3. 你有盲从心理，做事只凭头脑发热。

4. 你见异思迁，做任何事情都不能持之以恒。

5. 你脾气大，整天无所事事，喜欢投机取巧。

6. 你不切实际，好高骛远，常常换工作。

7. 你把爱情看成是游戏，认为只有空虚、无聊的人才会寻找爱情。

8. 你在求职时，总想进大的企事业单位，不能正确评价自己，结果常常碰壁。

9. 你总喜欢结识一些比自己优越的人，对不如自己的人置之不理。

测试结果：

如果上面9个问题至少有6个回答"是"，那么就说明你存在浮躁心理。

测一测：你的浮躁指数是多少？

如果你是一个职员，请根据你对自己的了解分别作答。

1. 你在工作上稍微遇到些挫折就想辞职或者跳槽。

  A. 经常　　　　　　B. 有时　　　　　　C. 从不

2. 你非常不愿意干一些工作上的琐事。

  A. 经常　　　　　　B. 有时　　　　　　C. 从不

3. 你总是觉得自己的上司没什么水平，完全是靠运气才混到今天的。

　　A. 经常　　　　　B. 有时　　　　　C. 从不

4. 你觉得自己公司的老总没眼光，经常把员工大材小用。

　　A. 经常　　　　　B. 有时　　　　　C. 从不

5. 觉得身边的同事没有自己有能力，他们有的只是资历，不值得学习。

　　A. 经常　　　　　B. 有时　　　　　C. 从不

6. 和朋友聚会时，你爱抱怨公司的福利待遇，认为薪水不高，没有学习和发展的机会。

　　A. 经常　　　　　B. 有时　　　　　C. 从不

7. 你知道自己有许多想法过于急功近利、急于求成，但总也改变不了自己。

　　A. 经常　　　　　B. 有时　　　　　C. 从不

8. 你希望自己有美好的未来，可是再看看自己的现状，一想起那些目标就感到浮躁不安。

　　A. 经常　　　　　B. 有时　　　　　C. 从不

9. 你发现自己对一份工作的热情持续不了多久，很快就会心生倦意。

　　A. 经常　　　　　B. 有时　　　　　C. 从不

10. 你对目前日复一日的重复工作感到很厌烦。

　　A. 经常　　　　　B. 有时　　　　　C. 从不

弱点十
心浮气躁——踏实肯干，认真是少年做成每件事的前提

11. 你感觉自己的财富积累得太慢，想辞职下海创业。

A. 经常　　　　B. 有时　　　　C. 从不

12. 你经常早上醒来时，赖在床上迟迟不愿上班。

A. 经常　　　　B. 有时　　　　C. 从不

13. 你工作虽很努力，但迟迟得不到升迁，最近想起来就很烦躁。

A. 经常　　　　B. 有时　　　　C. 从不

14. 你只愿干工作范围内的事，对事不关己的事则不闻不问。

A. 经常　　　　B. 有时　　　　C. 从不

15. 在你看来，工资待遇是选择一份工作最重要的因素。

A. 经常　　　　B. 有时　　　　C. 从不

16. 当你听到他人暴富的消息时，就头脑发热，跃跃欲试。

A. 经常　　　　B. 有时　　　　C. 从不

评分标准：

选"A"得3分，选"B"得2分，选"C"得1分。

测试结果：

20分以下：你的心态比较平和，对现实生活发展的看法比较成熟，相信只要自己努力就一定会有结果。

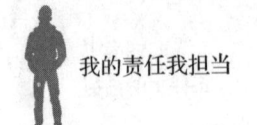

29~30分：你有一点浮躁，要注意调节自己的情绪，规划一下自己的生活，为实现自己的人生目标指明方向。

30分以上：你的性情很浮躁，建议你赶快寻求别人的帮助，否则你的欲望难以得到控制，可能会让自己的生活越来越糟。

将努力坚持下去，你会看到成就

青少年大多热情洋溢、生机勃发，对人生抱有很高的期望，对所有的事情都赋予了理想色彩，却对实现理想过程中可能出现的困难估计不足，遇到一点问题就很容易打退堂鼓，所以总会好高骛远而不切实际，显得有些心浮气躁。

另外，社会的大环境也是青少年越来越浮躁的一个重要原因，这一点在涉世未深的青少年朋友身上有所体现。青少年时期特殊的心理加上社会的影响，使得他们要么没有理想，没有目标；要么朝三暮四，缺乏持久的毅力；要么心浮气躁，遇到一点困难就后退，这些都是阻碍他们成功的致命缺点。

有一个小男孩很喜欢动物，尤其是美丽的蝴蝶。他想知道蝴蝶是怎样从蛹壳里出来，变成翩翩飞舞的蝴蝶的。一次，他发现了一只蝶蛹，便高高兴兴地带回家里，时刻观察着。几天之后，蛹出现了一道裂缝，里面的蝴蝶正在挣扎，想破蛹而出。小男孩十分兴奋，可是一连几小时过去，蛹里的蝴蝶还在做着辛苦的挣扎，怎么也没有办法钻出来。一旁看着的小男孩很着急，于是就用剪刀把蛹剪开一个洞，想让蝴蝶能够轻

弱点十
心浮气躁——踏实肯干，认真是少年做成每件事的前提

松而出。

虽然蝴蝶从蛹中爬了出来，但它的翅膀因为不够有力而变得非常臃肿。由于它没有经历过自己破蛹而出的艰难过程，因此它无法飞起来，只能在地上爬。

蝴蝶之所以要自己破蛹而出，就是要在挣扎的过程中使自己的翅膀得到锻炼，这样当它飞出蛹壳的时候，就会一飞冲天。这个天真的小男孩本想帮助蝴蝶，没想到却帮了倒忙，反而害了蝴蝶。急于求成的结果只会是失败。俗话说："欲速则不达。"只有坚持不懈地努力才能让我们有所成就，心浮气躁只会让我们急功近利，以失败告终。

显微镜的发明者叫列文·虎克，他是一个没有受到正规教育的贫困家庭的孩子。但他自幼喜爱磨镜工作，他学习用水晶石制作放大镜片，而磨一片镜片需要几个月的时间。为了提高放大度数，他一边磨着，一边总结经验。没有几个人会喜欢做这种单调的事情，但是他从未厌倦过，几十年如一日。60年过后，他终于成功了，磨出了可以放大300倍的镜片，从而使人们第一次看到了细菌。因此他得到英国皇家的奖励，成为举世闻名的发明家。

闻名于世的人之所以能成功，在于他们能够将全部的精力与心力放在一个目标上，踏实、稳健地去努力做事。许多人尽管很聪明，但是心存浮躁，做事不用心，没有意志与恒心，最终只会一事无成。

浮躁的人往往急功近利，如学英语，希望自己用三个月，甚至一个月就达到较好的听说读写程度。于是自己制订了一个

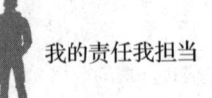

计划，每天早上读两小时，晚上学习两小时，可这样坚持不了多久。不如每天早晚各坚持读半小时英语，持续下去，收获肯定很大。我们要知道，任何事情都有一个循序渐进的过程，我们给自己制定的目标要合理，才能执行下去。

没有任何一件事情是一蹴而就的，毅力在一个人的成功当中至关重要。青少年朋友可从生活中的小事做起，锻炼自己的毅力。在自己心浮气躁、快要放弃的时候，不妨闭上眼睛深呼吸，告诉自己一定要坚持下去，不解决问题绝不做其他的事情。

世上无难事，只怕有心人。如果我们能沉下心来认真地做一件事情，就没有做不好的。有时候，我们做事半途而废，都是因急于求成、不肯面对困难的浮躁心理导致的。我们总是在想着事情的最后成果，而这些却不是一天两天可以看出来的，所以就会觉得做这些事没有任何意义，因此选择了放弃。如果我们能够坚持，能够真正地沉下心来，认真地坚持做一件事，那么我们一定会做得更好。只有除去心灵的浮躁，青少年朋友才能找到属于自己的幸福和快乐。

人性闪光点

如果我们能沉下心来认真地做一件事情，就没有做不好的。有时候，我们做事半途而废，都是因急于求成、不肯面对困难的浮躁心理导致的。如果我们能够坚持，能够真正地沉下心来，认真地坚持做一件事，那么我们一定会做得更好。只有除去心灵的浮躁，青少年朋友才能找到属于自己的幸福和快乐。

弱点十一

畏惧压力
——迎难而上,青少年要懂得将压力变为动力

本质分析:

什么是压力呢?从心理学角度看,压力是外部事件引发的一种内心体验。这种体验往往伴随着负面的情绪,如害怕、烦躁、生气、悲伤等。现代的青少年虽然拥有优越的生活条件,却忍受着巨大的压力。

实际表现:

(1)注意力分散,注意范围缩小。

(2)日常表现和学习能力降低,发生错误的次数增加。

(3)遇见问题马上将责任转嫁于他人。

(4)只解决短期和表面问题,不愿做深入和与己无关的事情。

(5)为了逃避压力,饮食过度,导致肥胖。

(6)没胃口,体重迅速下降。

(7)冒险行为增加,爱发脾气,伴有焦虑、紧张、迷惑、

急躁等表现。

（8）自信心不足，出现悲观失望和无助的心理。

（9）不愿与人交流，总是感到孤独和被疏远。

压力过大，容易让青少年丧失自信

随着社会环境的急剧变化，社会竞争观念的增强，如今青少年们的日子大不一样。书包里的课本越来越厚，但本该丰富的课外书却越来越少；节假日越来越多，但属于自己的自由时光却越来越少；各种考试比肩接踵，但生活能力却越来越低；使用的沟通工具越来越先进，但与父母的交流却越来越少；物质生活越来越丰富，但快乐却相对越来越少。现今，生活质量也许不是他们最关心的话题，而烦、累、不爽、郁闷、不快乐等负面的词语成为了他们的口头禅。这些都跟一个词语有关——压力。

什么是压力呢？简单地讲，就是指人主观体验的身心感受。这种感觉往往伴随着负面的情绪体验，如害怕、烦躁、生气、悲伤等。现代的青少年，拥有优越的学习条件、生活环境和物质享受，却忍受着巨大的压力，他们常常郁郁寡欢，忧愁远多于开心。用一句话概括这种现实就是：现代青少年被压力困扰，困苦不堪，各种压力让他们失去信心。

来自学业的严酷压力是让青少年朋友苦恼的最大源头。现今社会竞争对人才素质的要求越来越高，为了将来能有一份好

弱点十一
畏惧压力——迎难而上，青少年要懂得将压力变为动力

工作，无数家长督促自己的孩子好好学习。来自社会、家长、学校的诸多压力，让青少年备受煎熬。

最近，高三的一名学生小丘引起了班主任老师的注意。小丘平时上课认真听讲，作业也能够按时完成，但这学期他的学习成绩却明显下降，上学期还是全年级四五十名，而这学期却下滑至百名。经过仔细观察，班主任老师发现：每当考卷发到小丘手里时，他的脸就会慢慢地红起来，额头上也会渗出粒粒汗珠，拿笔的手也随之微微颤抖。做题时，他一会儿从头做起，一会儿又做最后一题，显得心神不宁、焦虑不安。在这种情绪状态下考试，他的成绩可想而知。

考试是每一个在校学生必然要经历的事，每年中考、高考都会有学生因为承受不了巨大的压力而发生意外，严重者甚至会选择轻生。因为太在乎成功的结果，于是在学习、应试的过程中，"不能输"的压力如恶魔缠身，缠绕着青少年的身心，让他们对自己失去了信心，不能轻松地去应对考试。

除了来自学业上的压力，人际生活的压力也是一副沉重的枷锁，让青少年喘不过气来。初涉学校的青少年，大多数人自我感觉良好，因为在家里他们都被视为"小皇帝""小公主"，因此到了学校这个"小社会"中也想成为人群中的焦点，但事实却并不能让他们满意。同学间的人际冲突与摩擦，成为了不少青少年的负担和压力。

由于压力，青少年容易在陌生人、师长面前产生紧张情绪。其实害怕与陌生人打交道是人的本性，是每个人内心都具

有的一种正常反应。到了青少年时期，人的自我意识水平迅速提高，开始关注自己的表现。他们希望能给对方留下一个好印象，同时也十分在乎对方对自己的评价。在这种压力下，不安、焦虑便在所难免。

张明从小就生活在一个家教很严的家庭，因为父母不喜欢小孩在院子里打打闹闹，把衣服弄得脏兮兮的样子，所以就不愿让张明与小伙伴们一起快乐地玩耍。上学以后，父母怕他学坏，便很少让他与别的同学来往，在这种家教熏陶下，张明十分在意自己的行为。

上了高中以后，张明开始感到很不自在。有时家里来了客人，父母让他见见客人，他也就低着头说一句"叔叔好"或"阿姨好"，然后就回到自己的房间不再出来。有时向陌生人问路，他也会脸红、心慌，犹豫半天才上去问话。平时遇到老师或异性同学，不得不和他们说话时，他也总是紧张得不得了，严重时说话结结巴巴，全身直冒汗。随着社交圈子的扩大，这个毛病也越来越明显。而且，张明越是想改掉见人就脸红的毛病，毛病就越是严重，这让他痛苦不堪。

张明之所以在外人面前表现得那么失常，都是因为内心的压力所致。他十分在乎别人对自己的评价，总觉得别人都在关注他，其实他完全没有必要这么担心。青少年在与别人交流时，最重要的是把自己要表达的内容说清楚，至于别人对自己的看法暂且抛到一边，不必为自己的一言一行是否得体而担忧。若过分在乎别人的眼光，就会像张明一样，因压力过大而

弱点十一
畏惧压力——迎难而上，青少年要懂得将压力变为动力

无法正常与人交往，这是得不偿失的。

适当的压力对青少年是一种促进，但是过大的压力却会产生负面的效应。压力可能来源于外界，也可能是自己给自己定了很高的目标，逼自己把每件事都做好，这样往往会超过自己的承受负荷。其实每个人的能力都是有限的，有你做得到的，也有你做不到的，你首先要试着接受这一点。对自己要求过高，只会让你在完不成任务时更加沮丧，压力倍增。

人的生命是短暂的，在短暂而有限的生命当中享受更多的幸福快乐，才是人生最重要的事情。而这一切都有一个共同的基础，那就是拥有一颗自在放松的心。如果我们每天都处于紧张烦恼当中，幸福与快乐就会远离我们。

科学家曾做过这样一个实验：

在一个用厚玻璃罩住的笼子里放一只老鼠，然后提供最好的鼠粮与玩具。这只老鼠当然生活得开心。但有一天科学家在笼子外放了一只猫，虽然无论如何这只猫都不能打开笼子而伤害到老鼠，只能从外面看，抓抓笼子而已，但从此以后老鼠却十分害怕，整天不吃东西，也不敢再去玩耍。没过多久，老鼠的体重便下降了，最后竟在这种压力下衰竭而死。

如果我们不能用积极的态度来面对压力，化解压力，最终就会被越来越沉重的压力压垮，从而对自己失去信心。到那时，我们就再也感受不到生活的美好，每天只会生活在无尽的懊恼与悔恨中，相信这种生活不是青少年想要的。

有压力才会有动力,有动力才能进步。

——雷锋

测一测:你的压力亮红灯了吗?

1. 你感觉与朋友和家人在变得疏远,在人群中感到孤独。

2. 你突然感到害羞,或在人群中有一种暴露感,或总觉得别人在议论自己。

3. 你很难回忆起最近的谈话或诺言,经常感到困惑,理解力和记忆力明显下降。

4. 你不愿接电话,对其他人失去兴趣,也不愿意接受他们的关心。

5. 尽管你经常感到疲倦,入睡却非常困难或经常早醒。

6. 你很容易流泪,情绪变幻不定,时而高兴,时而沮丧。

7. 可能几分钟也坐不住,你经常摆弄手指或者手脚经常无意识抖动。

8. 你会因微不足道的原因放弃做某件事。

9. 逃避生活,你在生活中漫不经心。

10. 你不由自主地过度饮食、抽烟或买衣服,日常生活变得千篇一律,很难产生新兴趣。

11. 你不再对食物感兴趣,要么不吃不喝,要么暴饮暴食。

12. 安静可能使你不安,所以你与他人在一起时总会喋喋不休。一个人在家有时会打开收音机或电视,对噪声难以忍受。

13. 害怕形象变坏,你会过度关注容颜和体重变化,有时会

弱点十一
畏惧压力——迎难而上，青少年要懂得将压力变为动力

强迫自己运动和减肥，或者频繁去美容、染发等。

测试结果：

如果以上症状有3～5项同时出现，并持续3个月以上，说明压力已经对你的心理和生理方面造成了伤害，并已经出现了某些抑郁表现。建议注意调整和休息，并且将你的这些情况告诉你的亲人或朋友以便得到支持，必要时可求助心理医生。

如果你有1、4、8、12中所描述的症状，说明你在人际关系方面压力过大，并已经出现焦虑的表现，你对别人似乎缺乏信任，自己心里也缺乏应有的归属感。不妨多跟家人和朋友坐下来聊一聊，找个信赖的人将心里的不安一吐为快。比你年长的人拥有更多的社会经历，听听他们的意见能有效缓解你的烦恼。敞开心扉并且多关心体谅别人，会帮你赢得好人缘。如果有条件，建议去做一些室外运动如打球或旅游。

如果你有3、5、6、9中描述的症状，说明你最近实在太累了，事情堆积如山，似乎永无止境。如果觉得身体已经出现不适，一定要及时去医院检查。要知道不会休息的人就不会工作，将手边的事情暂时放一放，无所事事地静静坐一下午，听听音乐、看看自己喜欢的电影，或者进行轻松而愉快的旅行，这些都会使你轻松不少。

如果你有2、7、10、11、13中所描述的症状，则意味着你在忙碌的生活中封闭了自己，生活的不完美让你有时变得自卑。要解除乏味的感觉，最好的方法就是在闲暇之余找一件能

吸引自己的事来做，或者加入某个社会团队参加各种活动。培养某种兴趣爱好会让你发现生活的美，并会让你感觉到归属感和充实感，然后从中找回自信和快乐。

测一测：你的压力来自何处？

下面哪件东西是你一定要带出门的，不然一天下来你都会觉得很不方便，不习惯或者没有安全感，总觉得少了什么东西似的？

A.手表　　　B.手机　　　C.护身符　　　D.面纸

测试结果：

选择A：你的压力来源于自己。你常常会将自己摆在社会价值的天平上衡量，也时常不由自主地把自己和朋友做一番比较。不管在学习还是生活上，你都是以严谨的态度去对待，这会让你喘不过气的。

选择B：你的压力来源于朋友。由于你是个重视人际关系互动的人，因此应接不暇的应酬让你躲也躲不过，而人缘好有时也是一种包袱，所谓"人在江湖身不由己"大概是你最常挂在嘴边的话吧！

选择C：你的压力来源于学习。好胜心强的你对于学习是相当投入的，当然师长对你的期待更比一般人要高得多，所以在这样被看好的情况下，你多少是会有压力的。

选择D：你的压力来自家庭。在你的个性中隐藏着完美主

弱点十一
畏惧压力——迎难而上，青少年要懂得将压力变为动力

义，对于从小生长的家庭更有一种依赖与期待，所以家庭能给你足够的力量。但相对而言，家庭也可能会带给你不小的压力。

测一测：你会怎样缓解压力？

1. 你是否常常觉得心情很烦闷？

    A. 经常　　　　B. 普通　　　　C. 偶尔

2. 你是否会自言自语？

    A. 经常　　　　B. 偶尔　　　　C. 不太会

3. 心情不好的时候，你会骑车到外面透透气吗？

    A. 几乎不会　　B. 偶尔会　　　C. 会

4. 你是否曾有过自杀的念头？

    A. 经常　　　　B. 偶尔　　　　C. 不会

5. 你是否觉得电视上的综艺节目越来越无聊？

    A. 都很无聊　　B. 有些无聊　　C. 都很有趣

6. 即使到了度假胜地，你是否依旧没有很开心的感觉？

    A. 几乎开心不起来

    B. 还好，有时会很开心

    C. 不会

7. 你有没有想起来就很气愤的人？

    A. 超过5个　　　B. 3～5个　　　C. 2个以内

8. 你是否觉得自己常常很慵懒、身体虚弱无力，可是到医院又检查不出毛病？

    A. 常常会这样

B. 有时会比较没干劲

C. 不太会,常常充满活力

9. 遇到路上横冲直撞、不守交通规则的驾驶人,你会有怎样的反应?

A. 真想毙了那些人渣

B. 为什么我这么倒霉

C. 太挤了,真想移民到国外

10. 你是否觉得每天做同样的事(如上班、上课)是一件很烦人的事?

A. 实在很烦,有点不想干

B. 和计划冲突时才会觉得烦

C. 不太会,一样能找到乐趣

11. 你最讨厌以下哪种类型的人?

A. 个性自私自利、小气抠门的人

B. 总是固执己见、不知变通的人

C. 喜欢夸大其词、一事无成的人

12. 你觉得自己是不是很容易陷入感情或友情的困扰?

A. 很容易,常常会这样

B. 偶尔会,感情还不错

C. 不太会,感情都很好

评分标准:

选"A"得5分;选"B"得3分;选"C"得1分。

弱点十一
畏惧压力——迎难而上，青少年要懂得将压力变为动力

测试结果：

不到20分：压力指数30%

你的思考颇积极、正面，个性也较大而化之，所以就算是生气也会马上就反应、发泄出来，不会在心底放太久。所以，你的压力排解管道顺畅，也不容易累积负面情绪。有压力时，听听轻快的音乐，很快就能恢复你爽朗的一面。

20~30分：压力指数50%

你本身较为理性、理智，所以遇到个性拙劣、蛮横不讲理的同学或是周遭事物，会难以忍受，甚至心情也受到很大的影响。无法完成的任务也会使你郁闷。通常只要换个环境，如去郊游、购物，情绪自然而然就会平静下来。

30~40分：压力指数70%

你较保守含蓄，也不喜欢得罪人，遇到不满或不爽的事情通常都是忍下来，泪水往肚里吞。也没有适当的发泄管道，久而久之累积在心里的压力，便很容易压得你做什么都觉得很不顺。做点生理上的改变，如爬山、健身，或是洗桑拿，都是很不错的改善方法。

超过40分：压力指数85%以上

你很敏感，也很容易紧张。你在意他人对你的看法，常常为了迎合他人强迫自己做一些不喜欢做的事。长此以往，很容易给自己带来莫大的压力，要尽可能寻求心理医生来为你排除、解决。

我的责任我担当

压力也是动力,能推动青少年进步

人生在世,本来就会面临各种各样的压力,当我们学会调整自己时,就会发现,压力也能成为一种动力,不断推动着我们前进。有的人经受不住压力的折磨,在困境中选择了放弃,任压力不断地削弱自己的信心,并怀疑自身的价值。然而无论压力给了我们什么样的磨难,我们都不能让它压弯我们的脊梁,我们要把压力变成自身成长的动力,我们要做压力的主人。

"二战"时期,查理肩负着沉重的任务,每天都要花很长的时间在收发室里,努力整理在战争中死伤和失踪者的最新纪录。

源源不绝的情报接踵而来,收发室的人员必须分秒必争地处理,一丁点的小错误都可能会造成难以弥补的后果。查理的心始终悬在半空中,总是小心翼翼地避免出任何差错。

在压力和疲劳的袭击下,查理患了结肠痉挛症。身体上的病痛使他忧心忡忡,他担心自己从此一蹶不振,又担心是否能撑到战争结束,活着回去见他的家人。

在身体和心理的双重煎熬下,查理整个人瘦了30斤。他想自己就要垮了,几乎已经不奢望会有痊愈的一天。终于,查理体力不支倒地,住进了医院。

军医了解他的状况后,语重心长地对他说:"查理,你身体上的疾病没什么大不了,真正的问题出在你的心里。我希

弱点十一

畏惧压力——迎难而上，青少年要懂得将压力变为动力

望你把自己的生命想象成一个沙漏，在沙漏的上半部，有成千上万的沙子，它们在流过中间那条细缝时，都是均匀而且缓慢的，除了弄坏它，你跟我都没办法让很多沙粒同时通过那条窄缝。人也是一样，每个人都像是一个沙漏，每天都有一大堆的工作等着去做，但是我们必须一次一件慢慢来，否则我们的精神绝对承受不了。"

医生的忠告给查理很大的启发，从那天起，他就一直奉行着这种"沙漏哲学"，即使问题如成千上万的沙子般涌到面前，查理也能沉着应对，不再杞人忧天。他反复告诫自己："一次只流过一粒沙子，一次只做一件工作。"没过多久，查理的身体便恢复正常了。从此，他总是从容不迫地面对自己的工作压力。

每个人所承受的心理压力都是有限的，当我们经受挫折时，压力让我们感觉到自己软弱无助，让我们发现自己是失败者。一次次的挫败，一次次的自责，使我们无法面对自己的种种失败，而选择了逃避和害怕。但是人没有一万只手，也不能把所有的事情都完美地解决，那么又何必为那么多失败的事情而烦恼呢？

很多人在哪跌倒，就在哪爬起来。没有失败，又何来的成功？压力会让我们失去原有的动力，但它也是使我们走向成功的指南针。可能现在学习和生活的节奏不断加快，给青少年朋友们带来了极大的烦恼，心理压力增加而产生情绪的变化，让他们变得憔悴、伤感、厌世、逃避，或许还有一点点恐惧。但人在一生中遇到的最强大的对手其实只有一个，那便是自己，这样或那样的压力往往只是为了做得更好而施加给自己的。所以说压力

并不可怕，如果加以利用，它反而是推动我们前进的动力。

很多青少年朋友在与人交往时，因为压力过大而过度紧张，表现得严重缺乏自信。这时就要提高自信心来帮助自己减轻压力。提高自信心有两个原则，一是减少对自己的否定性评价，增加肯定性评价，如"我做得很棒""继续努力我就会成功"；二是参与那些容易成功的活动，当你与某个人接触能够不太紧张时，就是一次对你信心的支持，通过多次锻炼，自信心就会越来越强。

当我们走进困境迷失方向的时候，压力会引导我们，教会我们如何应对，使我们越挫越勇。冷静地想一想，有压力并不是一件坏事，因为它能让我们找回自身的价值，变得更加坚强和自信。压力再大，只要自己有决心和毅力，就会把它转化为动力，推动我们不断前进。虽然只是每天在不断地进步，离成功还很遥远，但只要我们坚持不懈地努力着，不再让挫败感打击我们的信心，即使仍然失败，我们还是成功者。因为我们没有放弃，我们是压力的主人。

人性闪光点

每个人所承受的心理压力都是有限的，当我们经受挫折时，压力让我们感觉到自己软弱无助，让我们发现自己是失败者。压力会让我们失去原有的动力，但它也是使我们走向成功的指南针。当我们走进困境迷失方向的时候，压力会引导我们，教会我们如何应对，使我们越挫越勇，让我们变得更加坚强和自信。压力再大，只要自己有决心和毅力，就会把它转化为动力，推动我们不断前进。

弱点十二

爱找借口
——拒绝借口，凡事只找原因不为自己开脱

本质分析：

在生活和工作中，我们经常会听到这样或那样的借口。借口在我们的耳畔窃窃私语，告诉我们不能做某事或做不好某事的理由，它们好像是"理智的声音""合情合理的解释"，其实冠冕而堂皇。只要有心去找，借口无处不在。借口就是一块敷衍别人、原谅自己的挡箭牌，就是一台掩饰弱点、推卸责任的万能器。有多少人把宝贵的时间和精力放在了寻找合适的借口上，而忘记了自己的职责和责任。由此可知，做事总是推脱找借口的人不会有很大的突破。

实际表现：

（1）完美心态。因为每次完成任务都不能让自己满意，所以干脆不完成。

（2）我太忙。我一直拖着没做是因为我一直很忙。

（3）顽固。你催我也没有用，我准备好了自然会开始做。

（4）操控别人。他们着急也没用，一切都要等我到了才能开始。

（5）对抗压力。因为每天压力很大，所以要做的事情才一直被拖下来。

（6）受害者心态。我也不知道自己怎么会这样，别人能做到自己却做不到。

爱找借口，是懒惰少年的挡箭牌

我们都知道，借口是懒惰、拖延的温床。有些懒惰的人是制造借口与托辞的专家。每当他们要付出努力，或要作出抉择时，总会找出一些借口来安慰自己，让自己轻松些、舒服些。这类人无法作出承诺，只想找借口。他们总是为了没做某些事而制造借口，或想出千百个理由为事情未能按计划实施而辩解。

在生活和工作中，我们经常会听到这样或那样的借口。借口在我们的耳畔窃窃私语，告诉我们不能做某事或做不好某事的理由，它们好像是"理智的声音""合情合理的解释"，其实冠冕堂皇。上课迟到了有借口，事情做砸了有借口，任务没完成也有借口。只要有心去找，借口无处不在。做不好一件事情，完不成一项任务，有成千上万条借口在那儿响应你、声援你、支持你，抱怨、推诿、迁怒、愤世嫉俗成了最好的解脱。借口就是一块敷衍别人、原谅自己的挡箭牌，就是一台掩饰弱

弱点十二
爱找借口——拒绝借口，凡事只找原因不为自己开脱

点、推卸责任的万能器。有多少人把宝贵的时间和精力放在了寻找合适的借口上，而忘记了自己的职责和责任。

借口唯一的好处，就是把属于自己的过失掩饰掉，把自己应该承担的责任转嫁给社会或他人。这样的人，注定只能是一事无成的失败者。

试想，如果你与某人约好时间见面，而他迟到了，见面张口就说"路上车太多了"或者"我在门口迷路"等，你会怎么想？生活中只有两种行为：要么努力地表现，要么不停地辩解。没有人会喜欢辩解的，那些动辄就说"我以为、我猜、我想、大概是"的人，一般都不会有什么突破。

当然，我们并不能解决路上堵车的问题，我们也不太可能等外部条件都完善了再开始工作，但就是在这种既定的环境中，就是在现有的条件下，我们同样可以把事情做到极致！我们无法改变或支配他人，但一定能改变自己对借口的态度——远离借口的羁绊，控制借口对自己的影响力，坚定完成任务的信心和决心。越是环境艰难，越要敢于承担责任，锲而不舍，坚韧不拔，就一定能消除借口这条寄生虫的侵扰。很多借口其实都是我们自己找来的，我们完全可以远离、抛弃它们。

凡事都留到明天处理的态度就是拖延，这是一种不好的生活习惯。奇怪的是，经常喊累的拖延者，却可以在健身房、酒吧或购物中心流连数小时而毫无倦意。但是，看看他们上学或上班的模样，你是否常听他们说："天啊，真希望明天不用上

学（上班）。"带着这样的念头从健身房、酒吧、购物中心回来，只会感觉生活压力越来越大。

为什么有的人如此善于找借口，却无法将自己的事做好，这的确是一件非常奇怪的事。因为不论他们用多少方法来逃避责任，该做的事还是得做。而拖延是一种相当累人的折磨，随着完成期限的迫近，压力与日俱增，这会让人觉得更加疲倦不堪。

找借口是人的惰性在作祟，而借口是对惰性的纵容。人们都有这样的经历，清晨被闹钟从睡梦中惊醒，想着该起床上班了，却舍不得离开温暖的被窝，一边不断地对自己说"该起床了"，一边又不断地给自己寻找借口"再睡一会儿"，于是又躺了5分钟甚至10分钟……

对付惰性最好的办法就是根本不让惰性出现。千万不能让自己拉开和惰性开战的架势。往往在事情的开端，总是先产生积极的想法，然后当头脑中冒出"我是不是可以……"这样的问题时，惰性就出现了，"战争"也就开始了。一旦开战，结果就难说了。所以，要在积极的想法一出现就马上行动，让惰性没有乘虚而入的可能。

超越平庸，选择完美。这是一句值得我们每个人一生追求的格言。生活中如此，做人也如此。有无数人因为养成了轻视工作、马虎拖延的习惯，以及对手头上的事敷衍的态度，导致一生处于社会底层，不能出人头地。

行动是治愈恐惧的良药，而犹豫、拖延不断滋养恐惧。

——列夫·托尔斯泰

弱点十二

爱找借口——拒绝借口，凡事只找原因不为自己开脱

测一测：你是个喜欢找借口的人吗？

你平常和人约会容易迟到吗？

A.我通常早到，比较少迟到

B.时间应该充裕，可是总会不小心耽搁

C.我没有时间观念，常常迟到

测试结果：

选A的人：喜欢找借口指数30%

你本身比较务实、理性，不会好高骛远，做事也是一步一个脚印，是属于脚踏实地、埋头苦干型的人物。你对自己的实力也很有信心，不需要额外的力量来包装自己，所以就算是犯错，你也能够承认自身的错误，不会找借口推脱。不过除了知错外，还要能改错。

选B的人：喜欢找借口指数50%

平常小事中偶尔犯错自是无伤大雅，可是关键就在于某些很重大的事情发生问题时，你是怎样的态度。你喜欢建立自己某方面专业的形象，可是往往没考虑到失败及犯错的风险，使得"千年道行一朝丧"，因为在很重要的时刻推卸责任会使大家瞧不起你。人非圣贤，不要把自己神格化，自然也就能以平常心看待。

选C的人：喜欢找借口指数80%

你推卸责任似乎已经上瘾了，就算是小事情你也喜欢找理由为自己辩护，即使心里不喜欢这样的自己，却怎么也改不

掉。别人嘴上虽不说,可是会从心里不相信你这个人,也会让你错失很多工作或是机会。要想补救,只有建立自己在专业领域的权威与信心,才可能逆转旁人对你的态度。

只找原因不找借口,你就是出色的少年

任何借口都是推卸责任,在责任和借口之间,选择责任还是选择借口,体现了一个人的生活态度。有了问题,特别是难以解决的问题,可能让你懊恼万分。这时候,有一个基本原则可用,而且永远适用。这个原则非常简单,就是永远不放弃,永远不为自己找借口。

美国成功学家格兰特纳说过这样一段话:"如果你有自己系鞋带的能力,你就有上天摘星的机会!"一个人对待生活、学习的态度是决定他能否做好事情的关键。首先改变一下自己的心态,这是最重要的。很多人在生活中总是寻找各种各样的借口来为遇到的问题开脱,并且养成了习惯,这是很危险的。

在日常生活中,常听到各种借口:上学晚了,会有"路上堵车""手表停了"的借口;考试不及格,会有"出题太偏""题量太大"的借口;做生意赔了,也有借口;工作、学习落后了,也有借口……只要有心去找,借口总是有的。

久而久之,就会形成这样一种局面:每个人都努力寻找借口来掩饰自己的过失,推卸自己本应承担的责任。

我们经常听到的借口主要有以下几种类型:

弱点十二

爱找借口——拒绝借口，凡事只找原因不为自己开脱

（1）他们作决定时根本不理我说的话，所以这个不应当是我的责任（不愿承担责任）。

（2）这几个星期我很忙，我尽快做（拖延）。

（3）我们以前从没那么做过，或这不是我们这里的做事方式（缺乏创新精神）。

（4）我从没受过适当的培训来干这项工作（不称职、缺少责任感）。

（5）我们从没想赶上竞争对手，在许多方面他们都超出我们一大截（悲观态度）。

不愿承担责任、拖延，缺乏创新精神、不称职、缺少责任感、悲观态度，看看吧，那些看似冠冕堂皇的借口背后隐藏着多么可怕的东西啊！

你要经常问自己，你热爱目前的生活吗？你在周一早上是否和周五早上一样精神振奋？你和同学、朋友之间相处融洽吗？他们是你一起学习、一起游乐的伙伴吗？你对生活满意吗？你每晚是否带着满足的成就感放学回家，又同时准备迎接新的一天、新的挑战、新的刺激以及各种不同的新事物？只要你对以上任何一个问题，回答中有一个"是"字，那么你就可以热爱你的生活。

我们可以把日子过得新奇而惬意，因为生活充满各种机会和选择。但是，我们绝对没有时间尝试所有新鲜刺激的事。因此要满足自己的愿望，得先从你开始。你一定要先了解自己的特点、长处，以及有哪些事是你轻松自如就能做得利落

漂亮的。

当出现问题时，若不是积极主动地解决，而是千方百计地寻找借口，那么借口就变成了一块挡箭牌。事情一旦办砸了，我们就能找出一些冠冕堂皇的借口，以换得他人的理解和原谅。找到借口的好处是能把自己的过失掩盖掉，心理上得到暂时的平衡。但长此以往，因为有各种各样的借口可找，我们就会疏于努力，不再想方设法争取成功，而把大量时间和精力放在寻找合适的借口上。

任何借口都是推卸责任。在责任和借口之间，选择责任还是选择借口，体现了一个人的生活态度。在生活中，总是会遇到挫折，那我们是知难而进还是为自己寻找逃避的借口？我们不能总是为自己的失败找借口，有了问题，特别是难以解决的问题时，我们可以用这条原则：永远不放弃，永远不为自己找借口。

有一幅漫画：在一片水洼里，一只面目狰狞的水鸟正在吞噬一只青蛙。青蛙的头部和大半个身体都被水鸟吞进了嘴里，只剩下一双无力的乱蹬的腿。可是出人意料的是，青蛙的前爪从水鸟的嘴里挣脱出来，猛然间死死地箍住水鸟细长的脖子……这幅漫画就是讲述这样的道理：无论什么时候，都不要放弃。

不要放弃，不要寻找任何借口为自己开脱。寻找解决问题的办法，才是最有效的原则。你我都曾经一再看到这类不幸的事实：很多有目标、有理想的人，他们工作，他们奋斗，他们

弱点十二
爱找借口——拒绝借口，凡事只找原因不为自己开脱

用心去想、去做……但是由于过程太艰难，他们越来越倦怠、泄气，终于半途而废。到后来他们会发现，如果当时他们能再坚持一点，如果当时他们能看得更远一点，他们就会终得正果。请记住：永远不要绝望，即使绝望了，也要再努力，从绝望中寻找希望。成为积极或消极的人在于你自己的抉择。没有人生来就会表现出好或不好的态度，主要是自己决定要以何种态度看待环境和人生。

即使面临各种困境，我们仍然可以选择用积极的态度去对待眼前的挫折。保持一颗积极、绝不轻易放弃的心，发掘你周围人或事物最好的一面，从中寻求正面的看法，让自己能有向前走的力量。即使终究还是失败了，也能吸取教训，把这次失败视为朝向目标前进的踏脚石，而不要让借口成为我们成功路上的绊脚石。

当你为自己寻找借口的时候，你也许会愿意听听这个故事。

时间是一个漆黑、凉爽的夜晚，地点是墨西哥市。坦桑尼亚的奥运马拉松选手艾克瓦里吃力地跑进了奥运体育场，他是最后一名抵达终点的选手。

这场比赛的优胜者早就领了奖杯，庆祝胜利的典礼也早已经结束，因此艾克瓦里一个人孤零零地抵达体育场时，整个体育场几乎已经空无一人。艾克瓦里的双腿沾满血污，绑着绷带，他努力地绕完体育场一圈，跑到终点。在体育场的一个角落，享誉国际的纪录片制作人格林斯潘远远看着这一切。接着，在好奇心的驱使下，格林斯潘走了过去，问艾克瓦里，为

什么这么吃力地跑至终点。

这位来自坦桑尼亚的年轻人轻声地回答:"我的国家从两万多公里之外送我来这里,不是派我在这场比赛中起跑的,而是派我来完成这场比赛的。"

没有任何借口,没有任何抱怨,职责就是他一切行动的准则。

没有借口看似冷漠,缺乏人情味,但它却可以激发一个人最大的潜能。无论你是谁,在生活中,无须任何借口,失败了也罢,做错了也罢,再妙的借口对于事情本身没有丝毫的用处。许多人生中的失败,就是因为那些一直麻醉着我们的借口。

人性闪光点

即使面临各种困境,我们仍然可以选择用积极的态度去对待眼前的挫折。保持一颗积极、绝不轻易放弃的心,发掘你周围人或事物最好的一面,从中寻求正面的看法,让自己能有向前走的力量。

弱点十三

顽固自大
——反躬自省,青少年及时反省找到自己的不足

本质分析:

反省是对自身所作所为进行的思索和总结。自己说过的话、做过的事,都是自己直接经历和体验的。对自己的一言一行进行反省,反省不理智之思、不和谐之音、不练达之举、不完美之事,往往能够得到真切、深入而细致的收获。曾子曰:"吾日三省吾身。"反省不但要勇于面对自己、正视自己,而且要及时进行、反复进行。疏忽了、怠惰了,就有可能放过一些本该及时反省的事情,进而导致自己犯错。

实际表现:

(1)做事很急躁,事前从不考虑。
(2)做事缺乏周密的计划,总是随兴所至,想到什么就做什么。
(3)内心很烦躁,不能冷静地思考自己的所作所为。
(4)没有责任心,不愿承认自己的错误。

（5）十分自大、自负，认为自己的决定万无一失，不会有问题。

（6）做任何事都不给自己留后路。

（7）即使别人提出中肯的意见也不愿意采纳。

（8）没有耐心反思自己所做的事情。

自大、爱抱怨，你只能让人生厌

在现实生活中，有些青少年朋友总是不愿反省自己的错误。他们十分自大，认为自己永远是正确的，说话总带着不满意、抱怨别人的口气，好像所有的错误都是别人造成的，和他没有关系。当然，在这个社会中，人与人是一个相互联系的整体，其中难免会有些失误、不快发生，但一味指责别人，不反省自己的所作所为，是一种极端的心理问题，这对他们之后的生活是没有任何好处的。

商纣王是我国历史上有名的暴君。他每天只知道荒淫享乐，不理朝政，被美女妲己所迷惑而不能自拔。在西周的打击下多次失利，但他却不知道反省。他非常自大，认为自己完全有实力打败西周，如今的兵败只是一时的运气不好，仍然每天沉溺于花天酒地之中。最后因为他不反省自己，不思考自己的国家为什么会如此动荡不安，导致自己的国家被一个诸侯小国打败。

由此可见，反省自己是多么的重要。纣王如果能听信忠言，及时反省自己，就绝不会走到身败名裂的悲惨地步。盲目的自大

弱点十三
顽固自大——反躬自省，青少年及时反省找到自己的不足

让他始终认为自己是强大的，最后都不能认清自己国破人亡的局面，只得淹没在失败的泥潭中，成为历史上的反面事例。

生活告诉我们，世界上没有完美无缺的事物，许多事物常常都是一把双刃剑。也许别人有做错的地方，但通过反省，我们会发现，其实我们自己也有做错的时候。抱怨不是一个好习惯，它让人看问题过于狭隘偏颇，只考虑自己，不顾及他人，甚至满眼只看到别人的缺点，而从不反省自己。

每个人都有两个口袋，一个装别人的缺点，一个装自己的缺点。而人们总是习惯把装别人缺点的口袋放在身前，把装自己缺点的口袋放在身后，于是只看到别人的缺点而无法真正看清自己，因此就开始抱怨。具有抱怨心理的青少年，生活中的每件事都会成为他们抱怨的对象，他们的生活中总是充满了很多的不如意。在抱怨中斤斤计较、患得患失，"生活环境太差""休息时间太少""题目太难""老师教得不好"都成了他们学习不好的理由。

其实除了抱怨之外，青少年朋友也应该学习并修正看事情的角度，认真地反省一下自己。只有懂得反省自己，才能看见自己的缺点，才能看见他人的优点。如果一味地抱怨，一味地攻击，除了制造不愉快之外，对自己没有丝毫的帮助。

越王勾践被吴国打败以后，并没有怨天尤人，而是每天都反省自己失败的原因，发现自己的不足，不断总结、激励自己奋发图强，反省自己应该怎样才能够再一次成为王者。通过几年的反省，他卧薪尝胆，积蓄力量，终于战胜了吴国，成就了

梦想，也因此成为一名贤能的君王。

如果越王勾践选择去抱怨自己的臣子、自己的士兵、自己的运气，那么他也会像商纣王一样，陷在失败的泥潭中无法自拔，以致最后慢慢地被历史淹没，成为永远的失败者。但是他与商纣王不同的是，他会反省自己的失败，他知道抱怨别人并不能让他振兴越国，而"反省"这面镜子能让他看到自己的不足，鼓舞他不断前进，推动他走向成功。最终他再次称王，成功地捍卫了自己的尊严。如果没有"反省"，那么这一切可能不会发生。随着时代的不断进步，反省越来越受到人们的重视，每一个青少年朋友都要学会自我反省，它会是你走向成功的好帮手。

能够反躬自省的人，就一定不是庸俗的人。

——布朗宁

测一测：你是否具备自我反省的能力？

当你在很重视的人面前做了一件失败的事时，你有什么感觉？请选出与你想法相近者。

A. 恨不得一死

B. 看对方的反应再决定是否道歉

C. 马上离开现场

D. 觉得无所谓

测试结果：

选A：自尊心很强，是个任性的人，过失被发现时，就想否定自己的一切。这种人具有强烈的反省力，但这种能力会影响自己的性格，使自己变得内向而神经质。

选B：认为"人非圣贤，孰能无过"，无论失败或成功不足以改变人生的方向，是个大胆而性格专一的人。

选C：这种人感情脆弱，想到对方不知会怎样批评自己的错误，就觉得世界末日似乎要降临，只想逃避，是个消极、懦弱的人。

选D：个性倔强，对朋友很重感情，是会反省自我、约束自我的人，在责任感和热情的驱使下，常会做出一些轻举妄动的事。

懂得反省，你离成功就近了一步

反省，主要是对挫折和失败的思考和总结。邓小平同志指出："过去的成功是我们的财富，过去的错误也是我们的财富。"成功会使你变得更加聪慧，失败会使你变得更加清醒。成功的经验大多相似，失败的原因却千差万别。从失败的教训中学到的东西，往往要比从成功的经验中学到的多，而且更为深刻。

如今的青少年朋友多了一份自信心，却少了一种自省的精神。他们喜欢得到他人的称赞和夸奖，却很少反省自己的所作所为。反省能帮助我们审视自己，检讨自己的言行，看自己犯了哪些错误，有没有需要改进的地方。如果我们能时常自我反省，就一定会受益匪浅。

有些青少年朋友可能不理解，人为什么要自省？这是因为人不可能都是十全十美的，总会有些不足和缺陷，青少年朋友因为涉世不深，更缺乏历练，因此常会说错话、做错事而不自知。别人并没有提醒你改正的义务，因此就更需要自己通过反省来改正自己的缺点。

曾子曰"吾日三省吾身"，可能我们现在没有一日三省的时间，但为了让自己更加优秀，青少年朋友还是要抽时间去自我反省。你今天有没有做过什么对人际关系不利的事？你是否说过不得体的话？某人对你不友善是否还有别的原因？今天所做的事情，处世是否得当？自己有没有进步？你的目标完成了多少？

如果我们能坚持自我反省，就一定可以纠正自己的行为，把握行动的方向，并保证自己不断进步。看看那些伟人级的政治家、军事家，他们都有反省的习惯，因为有所反省才不会迷失方向，才不会做错事。可见，反省格外重要，如果可能的话，我们更应把反省当成每日的功课。

有些青少年朋友总觉得反省是一件很难的事，觉得无从做起。事实上，自我反省是很简单的，我们随时随地都可以做，也不必拘泥于任何形式。我们可以在深夜独处的时候反省，也可以在心情平静的时候反省。有的人通过日记、冥想等方式来反省，其实这都是很好的方法。青少年朋友只要能在脑海中把自己做过的事情重新检视一遍，寻找自己的失误就可以。自省并不拘于一种形式，不管我们采用什么样的方式，只要能真正帮助我们改正缺点就可以了。由此可知，一个人之所以能够不断地进步，在于他能够不断地自我反省，找到自己的缺点或者

弱点十三
顽固自大——反躬自省，青少年及时反省找到自己的不足

做得不好的地方，然后不断改正。以追求完美的态度去做事，从而取得一次又一次的成功。

有一位小伙子，大学毕业后进入一家非常普通的公司工作。公司安排新员工从基层做起。其他新员工都在抱怨："为什么让我们做这些无聊的工作？""做这种平凡的工作会有什么希望呢？"这位小伙子却什么都没说，而是每天都认认真真地去做每一项领导交代的工作，而且还帮助其他员工去做一些最基础、最累的活儿。由于他态度端正，做事情便又快又好。更难能可贵的是，小伙子是个非常有心的人，他对自己的工作有一个详细的记录，做什么事情出现了什么问题，他都记录下来。然后，他很虚心地去请教老员工，由于他的态度和人缘都很好，大家也非常乐于教他。经过一年的磨炼，小伙子掌握了基层的全部工作要领，很快就被提拔为车间主任；又过了一年，他成为部门经理。而与他一起进公司的其他员工，却还在基层抱怨着。

每个人都会做一些平凡的事情，这时候，如果只抱怨他人或环境，就不可能认真去做一件事，也就不可能取得成功。如果一个人愿意把自己放在一个平凡的岗位上，以自我为改变的关键，不断自我反省，找到更好的方法，成功就一定等着他。

尽管生活中会有很多不如意，但仍有很多东西值得我们去反省、去学习。虽然有时结果是不能改变的，但我们可以通过历练而慢慢变得成熟。有些人觉得，年轻就要敢闯敢干，勇往直前，其实并不尽然。反省与年龄无关，并不是只有老人才有资格反省自己的人生，反省对于青少年也同样重要。虽然我们

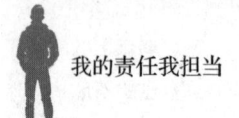

走过的路不长，但很容易出现失误和差错，为了以后不再犯同样的错误，反省就显得更有必要、更有价值。

实际上，反省也是对别人经验教训的思考和总结。个人的经验教训虽然来得更直接更真切，但其广度和深度毕竟是有限的。要获得更加广博而深刻的经验，还要在反省自身的基础上，善于从别人的经验教训中学习。成本最低的方式就是把别人的教训当作自己的教训。

自我反省是成长的一个秘诀。一个不会自我反省的人永远也长不大。我们通过反省可以及时修正错误，不断地提高精神信息系统接收信号的灵敏度和准确度，以确保信息系统不致紊乱。学会自我反省的人，就等于拥有了自我完善和健康成长的秘方。

青少年是早晨八九点钟的太阳，在任何一个时代都是社会上最富有朝气、最富有创造性、最富有生命力的群体。经验证明，进步较快的青少年，必定是善于反省的人，反省能使人走向成熟，变得深邃。希望青少年朋友善于从自己和他人的经验教训中学习，克服自身经验的局限，进而从更广阔、更深厚的大地上汲取思想和经验的营养，使自己更好、更快地成长起来。

人性闪光点

自我反省是成长的一个秘诀。一个不会自我反省的人永远也长不大。我们通过反省可以及时修正错误，不断地提高精神信息系统接收信号的灵敏度和准确度，以确保信息系统不致紊乱。学会自我反省的人，就等于掌握了自我完善和健康成长的秘方。

弱点十四

行事高调
——低调一点,爱出风头的青少年更容易碰壁

本质分析:

爱出风头的人往往喜欢表现自己,并且会自鸣得意地显示自己比别人行。当然,风头出得好,别人会觉得你外向、爽朗;若是风头过劲,很可能会遭人嫉妒甚至陷害,出现"枪打出头鸟"的情况也不足为奇。

实际表现:

(1)有些人喜欢攀比,说话总是夸大其词,明明自己爸妈不过是普通工人,却偏要说成在政府部门身居要职,为的就是显示自己比别人强,实际上这会为以后很多事情带来意想不到的麻烦。

(2)被老师夸奖之后兴奋不已,到处炫耀自己的光辉事迹,即使时隔几年,即使只有这么一次,也要拿出来向别人炫耀一下。

(3)做任何事情都无比积极,甚至很多事情想都不想就急匆匆地开始做，直到真正遇到问题了，才发现自己做不了这件事。

一味地出风头，很有可能招致祸患

对于很多人来说，聪明是一件值得开心的事情，有了聪明的头脑，就可以比别人更快、更好地做事，比别人更轻松地生活，更容易得到幸福。然而俗话说，"聪明反被聪明误""出头的椽子先烂"，聪明并不是在任何时候都是好事，出尽风头之人也是最先成为众矢之的的人。所以，做人应该知道收敛自己的锋芒，不要居功自傲。

汉代的晁错自认为其才智超过文帝，更是远超朝廷诸大臣，暗示自己是五伯时期的佐命大臣，想让文帝把处理国家大事的权力全部委托给自己。风头正劲之时，便难免有功高盖主之嫌。

韩信可谓功高盖世，但因为其声名显赫、位高盖主，最终也下场可悲。秦末韩信从项梁、项羽起义，为郎中。其献策屡不被采用，投奔刘邦，被萧何荐为大将。楚汉战时明修栈道，暗度陈仓，出奇兵占领关中。后来，刘邦与项羽相持于荥阳、成皋间，他被委为左丞相，领兵破魏、代，平定赵、齐，被封为齐王。后与刘邦会师于垓下，消灭项羽。汉朝建立，改封楚王。因受人诬告谋反，降为淮阴侯。陈叛乱时，有人告韩信与其同谋，欲起兵长安，被吕后诱杀于未央宫。

弱点十四

行事高调——低调一点，爱出风头的青少年更容易碰壁

从韩信之死来看，即使是功臣，也要保持谦虚谨慎，才能有好的结局。若功高盖主的功臣，再居功自傲、喜出风头，恐怕就得不到安宁了。俗话说"木秀于林而风必摧之"，正是此理。因此古人很注意，面对大功绩，都要守住自己的本分，绝对不可以功高盖主，否则轻则招致他人怨恨，重则甚至惹来杀身之祸。

喜欢出风头的人，往往是攻击性过强的人。到处得罪人，大事小事都像好斗的公鸡一样，或者口无遮拦，或者威胁恐吓，甚至大打出手，总之要给对手以最大限度的打击和伤害，认为这样才能出气解恨，让事态按自己的想法发展。他们也许一时会占上风，可从长远看，早晚会遭人报复。一旦将来有事，也不会有人伸出援助之手，大家都会看热闹，尤其当你得罪的人太多时，这种后果就会十分明显地体现出来。有很多事完全可以不用冲突的方式来解决，即使实在没办法，一定要拿出个态度，也要得饶人处且饶人，点到为止。

郭子仪是平定安史之乱的首功之臣，被封为汾阳王。堂堂王府每天都门户大开，任人出入，不闻不问。一次，属下的一位将军离京赴职，前来告辞，适逢他的夫人和爱女正在梳妆，只见她们差使郭子仪拿毛巾、端洗脸水，同使唤仆人丫环没什么两样。将军走后，郭子仪的几个儿子都深感羞愧，一齐来劝谏父亲以后要分内外。郭子仪就是不听，孩子们急了，都哭着劝父亲自重。

郭子仪却笑着对他们讲其中的道理："朝廷给我的爵禄已

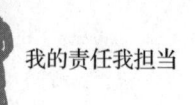

经很高了，再往前已没有什么可追求的了，但往后退，也没有什么可仗恃的。如果我一直修筑高墙，关门闭户，和朝廷不相往来，那么万一有人与我结下怨仇，诬陷我有二心，再加上那些妒贤嫉能之辈在中间添油加醋，造成确有其事的样子，那么我们家族的人都会粉身碎骨，到时候后悔都来不及了。现在我坦荡无邪，四门洞开，即使有人想以谗言诋毁我，也找不到任何借口来加罪于我。"

几个儿子听后，深深佩服，一齐拜倒在地。

中国历史上多的是功高盖主的大臣，但能够善始善终的则寥寥无几，郭子仪却是其中之一。他历经唐代七朝，身居军政要职60年，被唐朝史臣裴洎称为"权倾天下而朝不忌，功盖一世而上不疑"，这不能不部分归功于他的这份厚黑功夫。然而，要是把它仅仅看作一种谨慎，那便是对人性、对中国人人生境界的低估。

我们都知道"毛遂自荐"的故事，我们也都佩服毛遂的勇气和胆识，但是现实生活中却没有几个人能像毛遂那样做一只自告奋勇的"出头鸟"，多年以来，这个曾经教育过无数人的小故事，却一直没能指引我们的行动，更没有变成现实。

中国人讲究内敛与含蓄，加上处世中庸的传统性格，于是对"出头鸟"心存警惕。大家往往都是抱着"没有金刚钻，不揽瓷器活"的心理，所以想做"出头鸟"的人势必有些真功夫，否则无非是搬起石头砸自己的脚，自己找罪受。

人活于世，大部分时间里和大多数场合中都在演戏，都在

弱点十四

行事高调——低调一点，爱出风头的青少年更容易碰壁

扮演种种角色。在古代中国这样礼法烦琐的国家里，每个人更会感觉到这套角色服装的沉重，它像盔甲，更像桎梏。所以，能够摆脱这种种束缚，达到心灵的四门洞开，无所隐匿，一切话都可以说于人前，一切事都可以做于当面，实在是一种人生之大智慧。因此，即使仅仅出于安全的考虑，以伪装的面目出现也不一定就是最佳方法，有时把自己和盘托出，让别人透彻地了解会更加有效。

山不解释自己的高度，并不影响它耸立云端；海不解释自己的深度，并不影响它容纳百川；地不解释自己的厚度，但没有谁能取代它承载万物的地位。

——佚名

测一测：对于自己的优缺点你知道多少？

本心理测试是由中国现代心理研究所以著名的美国兰德公司（战略研究所）拟制的一套经典心理测试题为蓝本，根据中国人心理特点加以适当修改后形成的心理测试题，目前已被一些著名大公司，如联想、长虹、海尔等作为员工心理测试的重要辅助试卷。

注意：每题只能选择一个答案，应为你第一直觉的答案，把相应答案的分值加在一起即为你的得分。

1. 你更喜欢吃哪种水果？

A. 草莓　　B. 苹果　　C. 西瓜

D. 菠萝　　E. 橘子

2. 你平时休闲经常去的地方是哪里？

A. 郊外　　　　B. 电影院　　　C. 公园

D. 商场　　　　E. 酒吧　　　　F. 练歌房

3. 你认为哪种人容易吸引你？

A. 有才气的人　B. 依赖你的人　C. 优雅的人

D. 善良的人　　E. 性情豪放的人

4. 如果你可以成为一种动物，你希望自己是哪种？

A. 猫　　　　　B. 马　　　　　C. 大象

D. 猴子　　　　E. 狗　　　　　F. 狮

5. 天气很热，你更愿意选择什么方式解暑？

A. 游泳　　　　B. 喝冷饮　　　C. 开空调

6. 如果必须与一个你讨厌的动物或昆虫在一起生活，你能容忍以下哪一个？

A. 蛇　　　B. 猪　　　C. 老鼠　　　D. 苍蝇

7. 你喜欢看哪类电影、电视剧？

A. 悬疑推理类　　B. 童话神话类　　C. 自然科学类

D. 伦理道德类　　E. 战争枪战类

8. 以下哪个是你身边必带的物品？

A. 打火机　　　B. 口红　　　　C. 记事本

D. 纸巾　　　　E. 手机

9. 你出行时喜欢坐什么交通工具？

A. 火车　　　　B. 自行车　　　C. 汽车

D. 飞机　　　　E. 步行

弱点十四

行事高调——低调一点，爱出风头的青少年更容易碰壁

10. 以下颜色你更喜欢哪种？

    A. 紫　　　　B. 黑　　　　C. 蓝

    D. 白　　　　E. 黄　　　　F. 红

11. 下列运动中哪项是你最喜欢的（不一定擅长）？

    A. 瑜伽　　　B. 自行车　　C. 乒乓球

    D. 拳击　　　E. 足球　　　F. 蹦极

12. 如果你拥有一座别墅，你认为它应当建在哪里？

    A. 湖边　　　B. 草原　　　C. 海边

    D. 森林　　　E. 城中区

13. 你更喜欢以下哪种天气现象？

    A. 雪　　　　B. 风　　　　C. 雨

    D. 雾　　　　E. 雷电

14. 你希望自己的窗口在一座三十层大楼的第几层？

    A. 七层　　　B. 一层　　　C. 二十三层

    D. 十八层　　E. 三十层

15. 认为自己更喜欢在以下哪一个城市中生活？

    A. 丽江　　　B. 拉萨　　　C. 昆明

    D. 西安　　　E. 杭州　　　F. 北京

评分标准：

题号	每一选项分数					
	A	B	C	D	E	F
1	2	3	5	10	15	—
2	2	3	5	10	15	20
3	2	3	5	10	15	—
4	2	3	5	10	15	20

续表

题号	每一选项分数					
	A	B	C	D	E	F
5	5	10	15	—	—	—
6	2	5	10	15	—	—
7	2	3	5	10	15	—
8	2	2	3	5	10	—
9	2	3	5	10	15	—
10	2	3	5	8	12	15
11	2	3	5	8	10	15
12	2	3	5	10	15	—
13	2	3	5	10	15	—
14	2	3	5	10	15	—
15	1	3	5	8	10	15

测试结果：

180分以上：意志力强，头脑冷静，有较强的领导欲；事业心强，不达目的不罢休。外表和善，内心自傲，对有利于自己的人际关系比较看重。有时显得性格急躁，咄咄逼人，得理不饶人，不利于自己时顽强抗争，不轻易认输。思维理性，对爱情和婚姻的看法很现实，对金钱的欲望一般。

140~179分：聪明，性格活泼，人缘好，善于交朋友，事业心强，渴望成功。思维较理性，崇尚爱情，但当爱情与婚姻发生冲突时会选择有利于自己的婚姻。金钱欲望强烈。

100~139分：爱幻想，思维较感性，以是否与自己投缘为标准来选择朋友。性格较孤傲，有时较急躁，有时优柔寡断。事业心较强，喜欢有创造性的工作，不喜欢按常规办事。性格

弱点十四
行事高调——低调一点，爱出风头的青少年更容易碰壁

倔犟，言语犀利，不善于妥协。崇尚浪漫的爱情，但想法往往不合实际。金钱欲望一般。

70～99分：好奇心强，喜欢冒险，人缘较好。事业心一般，对待工作随遇而安，善于妥协。善于发现有趣的事情，但耐心较差。敢于冒险，但有时较胆小。渴望浪漫的爱情，但对婚姻的要求比较现实。不善理财。

40～69分：性情温良，重友谊。性格踏实稳重，但有时也比较狡黠。事业心一般，对本职工作能认真对待，但对自己专业以外的事情没有太大兴趣。喜欢有规律的工作和生活，不喜欢冒险，家庭观念强。比较善于理财。

40分以下：散漫、爱玩，富于幻想。聪明机灵，待人热情，爱交朋友，但对朋友没有严格的选择标准。事业心较差，更善于享受生活，意志力和耐心都较差，我行我素。有较强的异性缘，但对爱情不够坚持认真，容易妥协。没有财产观念。

别事事出风头，青少年为人要低调

生活中有许多纷扰和纠缠，有很多填不满的欲望和勾心斗角。生活本就容易使人精神疲累、不堪重负，若是再因自身张扬的性格而招致一些无妄之灾，恐怕就成困兽了。

做人需要低调，因为低调的人可以，开心地做自己喜欢做的事情。低调的人，喜欢把一切复杂的事情简单化，喜欢静心养神的安逸生活。做人还是低调些好，这样才能体味到生活的

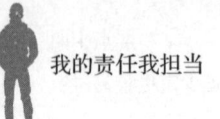

和谐与轻松。

低调做人，说起来容易，做起来难。曾听过这样一则寓言：

两只大雁与一只青蛙结成了朋友。秋天来了，大雁要飞回南方，三个朋友舍不得分开。大雁对青蛙说："要是你也能飞上天多好呀，我们就可以经常在一起了。"青蛙灵机一动，它让两只大雁衔住一根树枝，然后自己衔住树枝中间，三个朋友一起飞上了天。地上的青蛙们都羡慕地拍手叫绝。这时，有青蛙问："是谁这么聪明？"那只青蛙生怕错过了表现自己的机会，于是大声说："这是我想出来的……"话还没说完，它便从空中掉了下来。

人也经常会犯像这只青蛙这样的错误，本来是一件极好的事，却因为自己太爱表现而失去了大好的机会。所以说，做人不能太张扬，过多的炫耀只会使自己出现更多的失误。低调做人，才是做人的真谛；低调做人，才能不失做人的本色。

枪打出头鸟。做人过分张扬、卖弄自己，只会让自己经受更多的风吹雨打。一个不懂得低调的人，不管他多么优秀，都难免会遭到明枪暗箭的攻击。

古代曾经有一位非常著名的将军，在大军撤退时总是断后。回到京城后，人们都称赞他勇敢，谁知将军却说："并非吾勇，马不进也。"将军没有夸耀自己的勇敢，而是把自己断后的无畏行为谦虚地说成是马走得太慢。

其实，这种低调平和的心态并不会使人们就真的认为是马走得太慢，反而会感动大家，使大家觉得将军平易近人，进

弱点十四
行事高调——低调一点，爱出风头的青少年更容易碰壁

一步提升将军的英雄形象。平时做人要低调，有功劳、被夸奖时，更要懂得不张扬。

像这位将军一样，居功而不自傲，用平和的心态来对待赞赏，是做人的一种大智慧。而有些人却恰恰相反，他们在落魄时低声下气、唯唯诺诺，等到小有成就时便洋洋得意、到处炫耀，喜欢听赞美的话，喜欢被别人奉承，最终却因此吃了大亏。先不说这种张扬的行为，光是这种浮躁的心态就会让人麻痹大意，单就高高在上的姿态就会招致别人的嫉妒、不满，就足以使其瞬时跌落谷底。所以无论何时都不要使自己成为别人嫉妒的目标，就算你有再多值得炫耀的资本，也一定要学会藏锋敛迹、低调做人。

低调做人，要拥有吃亏是福的心态。俗话说，"水满则溢，月盈则亏"，任何事物都在不断的盈亏消长之中变化。有时候在某一时刻或是某一点上看起来是吃亏的事情，从长远地看，就不一样了。吃亏是福，若一个人处处不肯吃亏，处处想占便宜，天长日久势必会给他人造成一种困扰，或者侵害到别人的利益，于是便可能引起纷争，失去朋友。主动吃亏是一种做人的低调，是一种智慧。常言道："塞翁失马，焉知非福？"有了敢于吃亏的那种豁达和宽容的心态，再加上一个人的理智和自信，相信成功就不远了。

低调做人，就是揣着明白装糊涂，而且可以做出若无其事的表现。这种不张扬、不炫耀、不耍小聪明，看起来是傻，实则是让自己处于一种有利的位置。在待人处世中放低姿态，当

我的责任我担当

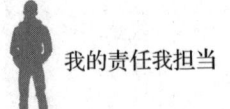

形势对自己不利之时，不妨先退让一步，收起锋芒，伺机另辟蹊径，重新占据主动地位。

低调做人是一种人生态度，世界上很多成功人士喜欢保持低调，不是因为他们没有张扬的资本，而是他们不愿去胡乱张扬自己，活出真实的人生才是他们追求的生活。

人性闪光点

积极的生活态度是我们所推崇的，然而过度的积极未必是好事，去承担一些自己力所不及的事情不仅会给自己带来麻烦，更会给事情的发展造成阻碍。人贵在量力而行，很多时候控制自己的表现欲也是对自己的一种保护。

弱点十五

行为拖沓
——立即去做,每个青少年都要提升执行力

本质分析:

动作拖沓的人往往目标感不强、害怕失败,做事瞻前顾后,很容易被周围的人、事、物所影响,于是抓不住重点和主要任务,从而养成做事拖拖拉拉的坏习惯。拖拉的人经常对自己撒谎。比如"我更想明天做这件事"或者"有压力我才能做好",但实际上并非如此。拖拉的人的另一个谎言是时间压力会让他们更有创造力,其实这只是他们的感觉而已,他们根本就是在挥霍时间。拖拉的人在不断找消遣的事,特别是自己不需要承诺的事。查看电子邮件就是他们绝佳的选择,这样的事情就是他们调节情绪(比如害怕失败)的一个途径。

实际表现:

(1)快考试了,到图书馆准备复习功课。可是没认真半小时,就左看右看,吃吃东西,擦擦桌子,时不时到杂志区走走。

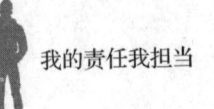

（2）做事很不投入的样子，好像有干不完的杂事，动作拖沓。

与其坐而论道，不如起而行之

拿破仑说过："想得好是聪明，计划得好是更上一层的聪明，而做得好是最聪明、最好的。"任何伟大的目标、伟大的计划，都应该落到实际行动中。是的，没有行动，任何计划和梦想都是空想，而做事拖拉比不去做更可怕。如果你开始做一件事，却因为不够努力，行动力不够而失败，这种打击要比你从没有去做更可怕。

约瑟夫·R.法拉利是美国德宝大学的心理学教授，专门研究人做事拖延的倾向。他将那些喜欢把该做的事情尽量往后拖的人，称为"慢性拖延症"患者。做事喜欢拖延的人全世界都有，且远比人们想象的要多。根据最新研究，约20%的美国成年人是慢性拖延症患者。

美国著名成功学大师马克·杰弗逊说："一次行动足以显示一个人的弱点和优点是什么，能够及时提醒此人找到人生的突破口。"毫无疑问，那些成大事者都是勤于行动和巧妙行动的大师。

拖延症最常发生的地方是学校。尤其在大学，交作业的时间跨度很长，不少学生总喜欢熬到要交作业的前夕才动笔，其实这样做大大降低了学习效率。法拉利等心理学家认为，这是

弱点十五
行为拖沓——立即去做，每个青少年都要提升执行力

慢性拖延症的一种典型表现。法拉利教授等认为，治疗拖延症要趁早，最好在校期间就改掉拖延的习惯。

行动是一个敢于改变自我、拯救自我的标志，是一个人能力有多大的证明。只会想、只会说，都是虚的，不能创造任何实际的东西。其实，相对于付诸行动来说，制定目标倒是更容易。

有一位满脑子都是智慧的教授和一位文盲相邻而居。尽管两人地位悬殊，知识、性格更是有着天渊之别，可是他们都有一个共同的目标：尽快发财致富。

每天，教授都跷着二郎腿在那里大谈特谈他的"致富经"，文盲则在旁边虔诚地洗耳恭听。他非常钦佩教授的学识和智慧，并且按照教授的致富设想去付诸行动。

几年后，文盲成了一位百万富翁。而那位教授呢？他依然是囊中羞涩，还在那里每天空谈他的致富理论。

你必定会为教授的愚蠢而发笑，却不会想到，类似的事情在你身上也可能发生。想想你是不是常常渴望成功，却没有为成功做出过一丝一毫的努力？

决心与梦想开始萎缩，种种消极与不可能的思想衍生，甚至于就此不敢再心存任何梦想，从而过着随遇而安、乐于知命的平庸生活。

因此，要想获得成功的果实，只有想法是不够的，还要将想法付诸行动，并全力以赴地去做，才有可能获得成功。

一位侨居海外的华裔大富翁，小时候家里很穷。在一次放学回家的路上，他忍不住问妈妈："别的小朋友都有汽车接

送，为什么我们总是走回家?"妈妈无可奈何地说："因为我们家穷。""为什么我们家穷呢？"妈妈告诉他："孩子，你爷爷的父亲本是个穷书生，十几年的寒窗苦读，终于考取了状元，官达二品，富甲一方。哪知你爷爷游手好闲，贪图享乐，不思进取，坐吃山空，一生中不曾努力干过什么，因此家道败落。"

"你父亲生长在时局动荡战乱的年代，总是感叹生不逢时，想从军又怕打仗，想经商时又错失良机，就这样一事无成，抱憾而终。临终前他留下一句话：大鱼吃小鱼，快鱼吃慢鱼。"

"孩子，家族的振兴就靠你了，做事情想到了看准了就得行动起来，抢在别人前面，努力地干了才会成功。"

他牢记妈妈的话，以十亩祖田和三间老房为本钱，成为今天《财富》华人富翁排名榜前五名之一。他在自传的扉页上写了这样一句话："想到了，就是发现了商机，行动起来，就要不懈努力，成功仅在于领先别人半步。"

也许你早已为自己的未来勾画了一幅美好的蓝图，但它同时也会给你带来烦恼。你感到自己迟迟不能将计划付诸实施，你总是在寻找更好的机会，或者常常对自己说：留着明天再做。这些做法将极大地影响你的做事效率。因此，要获得成功，就必须立刻开始行动。任何一个伟大的计划，如果不去实施，就像只有设计图纸而没有盖起来的房子一样，只能是一个空中楼阁。

所以，要记住："现在"就是行动的时候。行动可以改变一个人的态度，因为凡事都不去行动，就不会知道自己的智慧

弱点十五
行为拖沓——立即去做，每个青少年都要提升执行力

和能力。而采取了行动，你的潜能就会随着行动发挥作用，辅助你由消极转为积极，让你在每天的行动中都享受到成就带来的满足。

苦思冥想，谋划如何有所成就，并不能代替获得成功的实践。不肯行动的人，只是在做白日梦。

——佚名

测一测：你是一个拖沓的人吗？

下边的内容描述的是一个人对于变化的反应，请根据下边的标准和自己的情况选出适合自己的选项。

1～4分别代表"我就是这样的""我经常是这样""我经常不是这样的""我根本就不是这样的"

1.你在完成一项工作时会很拖沓，即使这项工作很重要。
1　2　3　4

2.对于你不喜欢的事情，你会拖拖拉拉地不想开始。
1　2　3　4

3.如果一项工作有最后期限，你会等到最后一秒。
1　2　3　4

4.如果要作一个很难做的决定，你会很拖拉。
1　2　3　4

5.在一项工作刚开始的时候你就会停滞不前。
1　2　3　4

6. 参加约会，你很及时赴约。

```
1    2    3    4
```

7. 你迟迟改不了你的工作习惯，提高不了你的工作效率。

```
1    2    3    4
```

8. 即使被家务杂事所烦，在面对工作的时候你也会恢复正常。

```
1    2    3    4
```

9. 如果你有件事没去做，你会给自己找一个很好的理由，不会为此而内疚。

```
1    2    3    4
```

10. 你觉得自己会做砸的事情，就不会去做。

```
1    2    3    4
```

11. 即使是一些让人很心烦的事情，你也会给它必要的时间，比如学习。

```
1    2    3    4
```

12. 如果你做一件不喜欢做的事情做累了，就会停下来。

```
1    2    3    4
```

13. 你觉得一个人一定要认真地工作。

```
1    2    3    4
```

14. 如果有什么事情不值得费力去做，你就不会做。

```
1    2    3    4
```

15. 你相信没有你不喜欢做的事情。

```
1    2    3    4
```

16. 那些指使你去做不公平的事情和困难事情的人，统统都是让人讨厌的。

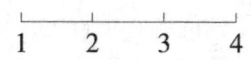

  1   2   3   4

17. 如果你真要做起来，什么事情你都能沉醉其中，即使是学习。

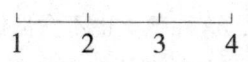

  1   2   3   4

18. 你是一个无药可救的虚度光阴的人。

  1   2   3   4

19. 你认为别人公平地对待你是天经地义的。

  1   2   3   4

20. 做事是自己的事情，你认为别人没有权力给你限定一个最后期限。

  1   2   3   4

21. 在学校的学习使你完全失去了方向。

  1   2   3   4

22. 你总是在浪费时间，但你似乎无能为力。

  1   2   3   4

23. 如果面对一块硬骨头，你的解决办法就是拖。

  1   2   3   4

24. 你发誓要做一件事，但随后就是拖拖拉拉不去做。

  1   2   3   4

25. 无论什么时候你作了一个决定，你都会执行它。

  1   2   3   4

26. 你希望可以找到一个办法让你动起来。

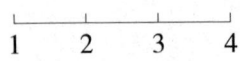

1　2　3　4

27. 如果你在工作中有什么解决不了的问题，那肯定是你自己的问题。

1　2　3　4

28. 即使你为自己的拖沓感到悔恨，这种感觉也不会促使你开始工作。

1　2　3　4

29. 你总是用业余的时间来完成重要的工作。

1　2　3　4

30. 当你做完一件事情的时候，你会再检查一遍。

1　2　3　4

31. 你希望通过一些捷径来完成一些艰难的任务。

1　2　3　4

32. 即使知道一项工作很重要，你也会漫不经心。

1　2　3　4

33. 你还没有遇到过克服不了的困难。

1　2　3　4

34. 把事情拖到第二天不是你的习惯。

1　2　3　4

35. 事情很多的时候，你会被搅得焦头烂额。

1　2　3　4

弱点十五
行为拖沓——立即去做，每个青少年都要提升执行力

评分标准：

"我就是这样的"得4分，"我经常是这样的"得3分，"我经常不是这样的"得2分，"我根本就不是这样的"得1分。先将下列的题目：6、8、11、13、17、25、29、30、33、34进行负向转换（即"4"=1，"3"=2，"2"=3，"1"=4），然后算出你的总得分。

常模：分数（百分数）

106（85）97（70）88（50）79（30）70（15）

高分表明你是一个拖沓的人，比如你的得分超过97分，对应的百分数是70，也就是说，你比70%的人还要拖沓；当你的得分超过88分，说明你比50%的人拖沓。

实干家和空想家，你想做哪一个

自古空想家们就善于夸夸其谈，且想象丰富、渴望强烈，甚至设想去做大事情，但很少付诸行动。空想家往往不管怎样努力，都无法让自己去完成那些自己应该完成或是可以完成的事情。而实干家虽然没有空想家那样富丽堂皇的说辞，却总能获得成功。

一个老鼠洞里的老鼠越来越少，老大让一只行动灵巧的小老鼠去看看发生了什么事情。

小老鼠慌慌张张地回来报告："老大，老大，大事不好，

有一只又大又凶的猫出现了,它每天都要吃好几只老鼠。"

老大于是带领三只最大的老鼠去打猫,一回合还没打完就被打败了。老大又带了三只最狡猾的老鼠去骗猫,结果偷鸡不成蚀把米,被猫吃掉了。

老大看着兄弟们一个个死去,急得像热锅上的蚂蚁,左思右想,终于想出一个主意。他召集大家说:"谁能想出一个对付老猫的好办法,我就把老大这个位置传给谁。"

重赏之下必有勇夫,这时一只灰毛老鼠说:"虽然我们打不过那只猫,但如果给猫戴上铃铛,只要猫一动我们就知道了,然后就可以逃跑了。"

老鼠们都觉得这个主意好,老大也认为不错,就把位置传给了这只灰毛老鼠。

过了几天后,老大又听到有老鼠被猫吃掉的消息。老大心里纳闷,于是找到灰毛老鼠质问:"这是怎么回事?不是说给猫戴上铃铛就没事了吗?"

灰毛老鼠支支吾吾地说:"这……这……"

旁边的一只老鼠抢着说:"因为它根本就没有去给猫戴铃铛,它怕被猫吃掉!"

老大听了,觉得受到了侮辱,一气之下便把灰毛老鼠咬死了。

这就是空想的下场。明知道不可为的事情,就不要去空想;可以实现的事情,想了就要去做,只想不做,一大堆目标也只不过是目标。你可以界定你的人生目标,认真制定各个时

弱点十五
行为拖沓——立即去做,每个青少年都要提升执行力

期的目标,但如果你不行动,还是会一事无成。你想去国外旅游,于是你制订了一个旅行计划,花了几个月时间阅读能找到的各种材料,订了飞机票,并制订了详细的日程表,还标出了要去观光的每一个地点,连每小时去哪里都定好了。这真是一次完美的计划,可是最后的时刻你却因为怕高,不敢上飞机,而取消了这次旅行。这不是很可笑吗?你花了那么多的心血为的是什么?

实干家比空想家更能取得成功,是因为实干家一贯采取持久的、有目的的行动,而空想家很少着手行动,或是刚开始行动便很快懈怠了。实干家具备有目的地改变生活的能力。他们能够完成非凡的事业,不论是开创一家自己的公司,写一本书,竞选政府官员,参加马拉松比赛,还是其他事业,他们都能成功。而与此形成鲜明对比的是,空想家只会站到一边,从不把梦想变为现实。

空想家往往受到人们的嘲笑,因为他们始终把自己的理想挂在嘴边,却从不为之奋斗。他们的谈话言辞激烈,每当谈到他们的理想便热情慷慨,然而行动起来却成了哑巴。空想家是幼稚的,认为以自己头脑中的知识可以拯救世界,但是世界却不这么认为。事实一次又一次地证明,空谈者的下场只能是失败或是含羞受辱。

报纸上曾经有这样一道竞答题目:如果有一天大英博物馆突然燃起了大火,而当时的条件只允许从众多的馆藏珍品中抢救出一件,你会抢救哪一件?在数以万计的读者来信中,一个

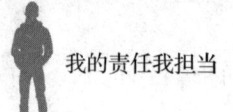

年轻诗人的答案被认为是最好的,他选择离门最近的那一件。这是一个令人叫绝的答案,大英博物馆的馆藏珍品件件都是国宝,举世无双,与其幻想着件件都抢救出来,不如抓紧时间抢救一件算一件。

良好的理论基础很重要,但是理论基础如不经过实践的检验,就不可能转化为实际应用的有效力量。无论是空谈者,还是空想家,在他们的头脑中,都自以为有了知识就有了一切,这是愚蠢而浅薄的,掌握理论是为了应用,有了目标要实干才能实现理想。否则,仅凭理论异想天开,一定会导致重大的失误。

空想家只会空想,做不成大事。要摆脱空想家的困境,就要尝试着去做一些你原本不喜欢做的事。乍一看,这一建议似乎不合逻辑,不仅有点儿冒傻气,还带着点儿自虐的味道。然而,只有这样才能帮助空想家转变为实干家,那一点儿原本不喜欢做的事只是实干的一个开端,实干家要做许多自己不喜欢但必须做的事情。

伟大的计划往往因为不去实践而变成废纸一堆。所以,无论什么事情,一旦你确定要做了,就应该马上行动起来,只有做了才会有结果。做,也许会成功,也许会失败,但不做,你就永远不会成功。

人性闪光点

拖沓不仅会浪费时间,还是你成功路上的障碍。成功者

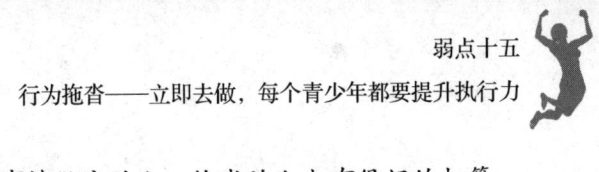

弱点十五
行为拖沓——立即去做,每个青少年都要提升执行力

都是立即着手并将事情做完的人。拖沓的人也有很好的打算,总有明天再做事情的意图。但关键是,当他们要采取行动的时候,明天已经过去了。不过令人欣慰的是,如果一个人愿意按一个很好的计划努力改变它,拖沓这个非常有害的习惯是可以摆脱的。

弱点十六

不懂尊重

——肯定他人,青少年用尊重才能换来尊重

本质分析:

人的内心都渴望得到他人的尊重。只有尊重他人,才能赢得他人的尊重。尊重他人是一种高尚的美德,是个人内在修养的外在表现。尊重他人是一个人思想修养好的表现,是一种文明的社交方式,是顺利开展工作、建立良好社交关系的基石。

实际表现:

(1)与父母、老师说话没大没小,不用敬语。
(2)给同学起难听的外号。
(3)用言语、行为羞辱他人。
(4)不经他人允许就说出关于他人的私密信息。

你渴望的自尊,别人也需要

每个人都有自尊,每个人也都渴望得到他人的尊重。在人

弱点十六
不懂尊重——肯定他人，青少年用尊重才能换来尊重

际交往中，任何不尊重他人的言行，都会引起他人的反感，也不会得到他人对自己的尊重。因为，别人的自尊心与你的相同。

我们每天都要和各种各样的人打交道，除了家人以外，可能还有领导、同事、师长、同学、工友，甚至是所谓的名人，同时还可能遇见各类商贩、清洁工、服务员之类。我们在与他们打交道时，都是怎样表现的呢？当你面对领导时，一定会恭恭敬敬，把自己当成全世界最小的人物，并出于各种顾虑，不得不唯唯诺诺；当你在一个略微豪华的饭店吃饭时，你就可能摇身一变成了"大人物"，你会以不可一世的姿态，吆五喝六地对服务员的哪怕是一丝的失误而大发雷霆。此时的你就像契诃夫笔下的"变色龙"，时而友善，时而谦逊，时而暴躁……此时的你，是否想到应该给予别人应有的尊重？

珍妮曾经在美国的一家快餐店打工。有一天，珍妮错把一小包糖当作咖啡伴侣给了一位女顾客。女顾客非常恼火，因为她很胖，正在减肥，必须禁食糖和一切甜点心。她大声嚷嚷："哼，她竟然给我糖！难道她还嫌我不够胖？"

那时，珍妮完全不懂减肥对美国人有多么重要，便愣在那里不知所措。这时，经理闻声而来，她在珍妮耳边轻轻地说："如果我是你，马上道歉，把她要的快给她，并且把钱退还她。"珍妮照做了，再三道歉，那女顾客哼了几下就不出声了。事后，珍妮等着经理来批评自己。可是经理过来对珍妮说："如果我是你，下班后我大概会把这些东西认认真真熟悉一下，以后就不会拿错了。"不知为什么，这一句"如果我是

你",竟令珍妮十分感动。

后来,珍妮在学校上课,在其他地方打工,老师也好,老板也好,在她失误时常常会委婉地说:"如果我是你,我大概会这样做……"这使珍妮不仅不会感到难堪,反而感到有那么一点温暖,有那么一点鼓励。

仔细分析下来,他们说的话只是多了几个字"如果我是你",简单的几个字,就让自己一下子站到了对方的立场,使对方感受到尊重。这样不仅消除了对立的情绪,沟通也更容易进行。

尊重是一种修养,一种品格,是对他人人格与价值的充分肯定。人不可能完美无缺,我们没有理由以高山仰止的目光去审视别人,也没有资格用不屑一顾的神情去嘲笑别人。假如别人某些方面不如自己,我们不要用傲慢和不敬的话去伤害别人的自尊;假如自己某些方面不如别人,我们也不必以自卑或嫉妒去代替应有的尊重。一个真心懂得尊重别人的人,才能赢得别人的尊重。

尊重是每个人的心灵所追求的,是每一个人作为他一切行为的目的。

——柏拉图

测一测:你的自尊处于哪个水平?

尊重是每个人的心理需求。家庭中的每个成员,都渴望得到他人的尊重。丈夫需要妻子的尊重,妻子也需要丈夫的尊重;

弱点十六

不懂尊重——肯定他人，青少年用尊重才能换来尊重

父母需要孩子的尊重，孩子也需要父母的尊重。人与人之间的尊重是双向的、互动的。家人的相互尊重不仅带来人际关系的和谐，也给家庭每一个成员带来温馨和幸福。

1. 你感觉自己是一个有价值的人。

   A. 是　　　　　　B. 不清楚　　　　　　C. 否

2. 你觉得自己一直是一个失败者。

   A. 是　　　　　　B. 不清楚　　　　　　C. 否

3. 你感觉自己身上有许多优秀的品质。

   A. 是　　　　　　B. 不清楚　　　　　　C. 否

4. 你感觉自己值得自豪的地方不多。

   A. 是　　　　　　B. 不清楚　　　　　　C. 否

5. 你能做好大多数事情。

   A. 是　　　　　　B. 不清楚　　　　　　C. 否

6. 你确实常常感觉自己一无是处。

   A. 是　　　　　　B. 不清楚　　　　　　C. 否

7. 你对自己的缺点持接受态度，同时努力改正。

   A. 是　　　　　　B. 不清楚　　　　　　C. 否

8. 你经常为他人不尊重你而感到烦恼。

   A. 是　　　　　　B. 不清楚　　　　　　C. 否

9. 总的来说，你对自己还是基本满意的。

   A. 是　　　　　　B. 不清楚　　　　　　C. 否

10. 你时常觉得自己失去了生活的目标。

    A. 是　　　　　　B. 不清楚　　　　　　C. 否

评分标准：

回答"不清楚"均得0分；奇数题回答"是"得1分，回答"否"得–1分；偶数题回答"是"得–1分，回答"否"得1分。

测试结果：

5～10分：你的自尊水平比较高，有比较强的自我价值感，比较接纳自我。

–4～4分：你的自尊处于中等水平，有一定的自我价值感。

–10～–4分：你的自尊处于比较低下的水平，缺乏自我价值感，不太接纳自己。

青少年善于给予他人肯定，给他人动力

每个人都希望得到肯定，得到周围人的认同。在我们内心念着他人的赞扬和夸奖的时候，是否也留心过自己有没有给予他人鼓励的眼神、赞赏的言语和肯定的微笑呢？

肯定和掌声意味着给予别人鼓励和前进的力量。给予身边人支持、信任和热情能够让周围的人愉悦地生活和面对挫折。当别人作出一些成绩的时候，你的掌声不仅能够表达对他的鼓励和支持，更是一种感情的最佳交流方式，而且也一定能够得到相当好的反馈效果。

有位母亲因为孩子把她刚刚买回家的一块金表当成新鲜玩

弱点十六

不懂尊重——肯定他人，青少年用尊重才能换来尊重

具拆卸，在重新组合时弄坏了，狠狠地揍了孩子一顿，并把这件事告诉了孩子的老师。老师幽默地说："恐怕一个中国的'爱迪生'被枪毙了。"接着，这位老师进一步分析道："孩子的这种行为是有创造力的表现，您不该打孩子，要解放孩子的双手，甚至应该给他掌声和喝彩。"

"那我现在该怎么办呢？"这位母亲听了老师的话，觉得很有道理，感到有些后悔。

"补救的办法还是有的，"老师接着说道，"你可以和孩子一起把金表送去钟表铺，让孩子站在一旁看修表匠怎么修理。修表铺就是课堂，修表匠就是老师，您的孩子就是学生，修表费也变成了学费，孩子的好奇心和自尊心都可以得到满足。并且你这么做表示你肯定了他的创造，是无形的鼓励，只是让他知道，他的创造仍有不足。"

碰到一个这样的老师是幸运的，但是我们并不能因此要求所有老师都做到这样。我们在羡慕故事中孩子有个好老师的时候，也应该想一想，自己对待身边的人，是不是也曾经如孩子的母亲一般，把别人的好奇心或者努力看成坏事？我们能否做到像那位老师那样，给别人一份鼓励，让他更加自信地追求自己的梦想呢？这是一个非常经典的故事，发生在半个世纪以前，故事中的那位老师，就是著名教育家陶行知先生。一句鼓励的话包含的力量足以点燃一个男孩内心深处的激情。今天就送给别人一句鼓励的话吧，也许，它也会彻底扭转一个人的一生！

在2006年5月的《环球时报》上有这样一篇文章：一个波兰男孩想学习钢琴，但老师告诉他，由于他的手指太短，而且又粗又硬，所以永远弹不好钢琴。于是，男孩在别人的劝说下改学小号，但不久，另一位音乐家又对他说，他没长着可以使他吹出名堂的嘴唇。

后来，他偶然遇到了伟大的钢琴家安东·鲁宾斯坦。鲁宾斯坦送给男孩一种他一直没有从别人那里得到的东西——掌声和喝彩。"年轻人，"鲁宾斯坦说，"你当然有能力学好钢琴！我认为你可以，假如你肯每天下工夫练习7小时。"

"你当然有能力学好钢琴！"这句话已经包含了他所需要的一切！就这样，男孩开始忘我地学琴练琴。多年过去后，他的艰苦努力终于得到了回报，他成为那个时代世界上最著名的钢琴家之一。这个男孩就是伊格纳齐·杨·帕德莱夫斯基，波兰钢琴家、作曲家、政治家。

老师对学生予以肯定，学生会更加努力读书；父母对孩子予以肯定，孩子会更加孝顺听话；上司对下属予以肯定，下属会更加恪尽职守、勤奋工作；夫妻之间相互肯定、相互鼓励，婚姻就能够幸福美满，家庭就能和谐和睦。每个人都期待他人的肯定和认同，在鼓励中享受成功的愉悦，这种愉悦是任何物质上的愉悦都无法比拟的。在鼓励中创造事业的奇迹，一切变得皆有可能。所以说，鼓励既是为人处世的艺术，又是做人的美德。被鼓励的人会心怀感激，会与你成为挚友，会与你一同迈向更好的人生、更好的生活，这些都是对慷慨给予他们喝彩声和鼓掌声的人最好的回报。

　　适时地给身边的人一些肯定、赞美的话，一个信任的眼神，一个理解的微笑，一声叫好，一次掌声，都能起到大作用。这些细节，能够唤起对方对生活的激情和信心，能够改变对方的生活态度、人生观、价值观，能够让身边的人在遇到困难的时候想起有个人会始终坚定不移地站在自己身旁，让自己有勇气去面对一切挑战。这就是肯定和认同的力量。同样，当你经常地、习惯性地拿出你的喝彩声和鼓掌声，有一天你也会得到同样的嘉许，而你的人生也将变得与众不同！

人性闪光点

　　在与人交往的过程中，首先要自己尊重自己，对人要坦诚而不虚伪，这样才会得到别人的尊重和喜欢。不要抱怨别人不懂得尊重你，首先你要想想，在面对利益的诱惑时，你是否保持了正直的一面？你是能忍住不伸手，还是以为没人知道就做了不该做的事呢？

弱点十七

心胸狭隘
——宽容至上,宽容让青少年的人格更丰满

本质分析:

心胸狭隘的人气量非常小,只有得到称赞和表扬的时候,心里才会感觉舒服。但是面对批评,一般都会影响到心情。要么气愤,要么没耐心,要么放弃别人反对的事情。这样的人不懂得宽容和忍让,总是尖酸刻薄地对待一切事情。殊不知,善待别人就是善待自己。

实际表现:

(1)占有欲很强。

(2)不信任他人、爱猜疑。

(3)神经质,总看到别人不好的一面。

(4)爱算计,很小的事情也会往心里去。

(5)很难与他人真正敞开心扉交往。

(6)抓住别人的缺点不放。

(7)言语不雅,总喜欢戳人痛处。

弱点十七

心胸狭隘——宽容至上，宽容让青少年的人格更丰满

小心眼和斤斤计较的少年，会失去更多

我们经常会在生活中看到这样的人，他们心宽体胖，整天笑嘻嘻，似乎生活中只有快乐没有忧愁；而另外一些人，骨瘦如柴、眉头紧锁，似乎活着就是一种痛苦。为什么会有这两种截然不同的人呢？这是因为他们对待生活的态度不同。心胸宽广的人，对于苦难也只是微微一笑，对于仇敌也能尽量包容、化解仇恨；而心胸狭窄的人却总是斤斤计较，鸡毛蒜皮的事也总要费尽心思琢磨一番，从来不肯吃亏去包容他人，这样的人怎么能够得到快乐，怎么能够与人友好相处呢？

在一个小城的东头，住着全城最有名的律师——理查德；在小城西头，住着全城最有名的法官——加里曼。

每当城里有什么案子，总是加里曼负责审判，理查德负责为人辩护。两人向来都是针锋相对，你一句我一句，谁也不肯让步。时间一长，工作上的冲突逐渐演变成个人恩怨，最后两人竟成了互不相容的仇敌。城里的人都知道他们是一对冤家对头。

理查德和加里曼在乡下都有土地，并且那两块土地还是挨在一起的，因此也是纠纷不断。两人在城里又都有店铺，理查德开的是药店，打着救人性命的招牌；加里曼开的是棺材铺，专门做死人的生意。两个人就仿佛是前世的冤家在今生又重逢了。

有一天，一艘商船从小城路过。从船上传出这样一个消息，说有人在离这里九天路程的一个孤岛上发现了一种新的树木，如果用它来做成药材给病人服用，能够使人起死回生；如

果用它来做棺材，死人的尸体能永不腐烂，而且会面色红润，完好如初。

理查德和加里曼都听说了这个消息，他俩都怕让对方占了先机，纷纷赶往码头，准备出海去买这种树。结果两人几乎同一时刻赶到了码头。这时，仇人见面分外眼红，他们说什么也不肯坐在同一艘船上，于是两个人便坐在码头上打起了心理战，都盼望先把对方耗走。

就这样，从日出等到日落，两个人谁也不肯离开码头，而且都吩咐仆人回家把吃的、穿的取来，甚至还让他们拿来了被褥，准备打持久战。

从日落又等到日出，两个人整整相持了一个晚上。眼看着码头上出海的船只越来越少，最后只剩下了一只小船还未出海。两人对望了一眼，只好无奈地同时上了这艘小船。理查德坐在船头，加里曼坐在船尾，谁也不理谁。

小船起航了，向那个神秘的小岛驶去。当行驶到第三天的时候，海上起了大风暴，狂风裹着巨浪向小船袭来。这艘小船哪能经得住这样猛烈的袭击，眼看就要翻船了。

这时，加里曼问船尾的水手船的哪一头会先沉，水手说船头先沉。加里曼很得意地说："如果能看到我的仇人比我先死，那我出这趟海也就没什么遗憾了。"

而此刻，理查德也问船头的水手船的哪一头会先沉，水手回答是船尾。理查德听后兴奋地说："如果我能看到我的仇人比我先死，死亡对我来说也就没什么值得畏惧的了。"

弱点十七
心胸狭隘——宽容至上，宽容让青少年的人格更丰满

两个人正暗自高兴着，一个巨浪打来，小船骤然翻了过去，理查德和加里曼双双落入了汪洋大海之中。

理查德和加里曼本来并没有什么实际冲突，不过是因为工作不同、立场不同，从而产生了两种价值观，于是把工作中的仇恨带到现实生活中，使得自己无缘无故多出一个仇敌。面对利益，他们不仅不能够做到忍让对方，还步步紧逼，生怕对方强过自己，最终落得同时落海的下场。古语云：退一步海阔天空。在这个世界上其实并没有无法化解的仇恨。当你被仇恨包围的时候，试着对别人付出你的宽容之心，你将会得到很多东西。

不知道你有没有过这样的体验，当别人问你一道数学题的时候，你在懵懵懂懂的情况下给他讲明白了，同时自己也真正明白了，并且对此类题型印象深刻，以后便成为自己拿手的题目。这就是帮助别人也是帮助自己的最好说明。你在帮助别人解题的同时，自己又练习了一遍，通过自己的语言表达出来一些东西，使你认识到自己思想中的不足，从而更好地提升了自己。

但是有时候，我们太狭隘太自私，只扫自己门前雪，不管别人瓦上霜。甚至潜意识里不希望别人的处境比自己好，仿佛别人的幸福会抵消自己的快乐。总希望自己时时处处都比别人强，都比别人更富有、更幸福、更快乐。甚至有时还会干出一些损人利己的事，愚蠢地以为只有压制别人，才能抬高自己。

世界上最大的是海洋，比海洋更大的是天空，比天空更广阔的是人的胸怀。这句话讲的就是宽容为怀的道理。宽容是一

种博大的胸怀，是一种崇高的美德。在处世中不搞唯我独尊，对不同的观点、行为要予以理解和尊重。即使自己有理，也不能咄咄逼人、得理不让，把自己的观点和行为强加给别人，要尊重他人的自由选择。尊重别人就是尊重自己，宽容别人才会给自己带来广阔的天空。

宽容是人类生活中至高无上的美德。宽容温暖着人的心灵，宽容可以超越一切，宽容需要一颗博大的心。宽容是人类情感中最重要的一部分，这种情感能融化心头的冰霜。

多一些宽容，人们的生命就会多一份空间；多一份爱心，人们的生活就会多一份温暖，多一份阳光。

——佚名

青少年心怀宽容，生活更快乐

宽容是人类生活中至高无上的美德，宽容是一种无声的教育，宽容是人类情感中最重要的一部分。宽容需要一颗博大的心。唯有宽容的人，其信仰才更真实。最难得的是那种不求回报的给予，因为它以爱和宽容为基础。要得到别人的宽恕，你首先要宽恕别人。

一个小学校长在校园里巡视。当他走到教学楼后面一条正在铺筑的水泥小路前时，发现在还没有完全凝固的水泥面上有两个玻璃球。

校长想，一定是孩子们课间玩耍时一不留神把玻璃球弹到

弱点十七
心胸狭隘——宽容至上，宽容让青少年的人格更丰满

了这里，如果现在不赶快把它们抠出来，等水泥完全凝固了，这两个玻璃球就成了永远的镶嵌物。他绕过去，尽量靠近那两个玻璃球，弯下腰准备伸手去抠。忽然，两个男孩一边嗤嗤笑着，一边从他身边飞快跑过，跑出几十米后，又警觉地回过头来，似乎是担心会遭到校长的批评。校长愣了一下，猛地意识到了什么，于是他摆摆手，示意那两个男孩过来。

两个男孩吐着舌头不情愿地走过来，双手紧紧捂着口袋。校长微笑着对他们说："你们能不能借给我点东西？"两人齐声问："什么东西？"校长说："你们口袋里的东西——玻璃球。"两个男孩惊讶万分，低着头，不敢正视校长的目光。口袋里一阵响声过后，两个孩子将玻璃球交到了校长手里。

校长伏下身子，像个淘气的孩子，把玻璃球一个一个按到了水泥路面上。两个男孩见恶作剧被校长发现了，都连忙向校长认错，承认原来那两个玻璃球就是他们两个按进去的，并表示以后再也不敢了。校长听了之后大笑起来："为什么要认错呢？我表扬你们还来不及呢！你们看，水泥路面原来多么灰暗单调啊，但是镶上这些玻璃球之后就显得精神漂亮多了。你们可以告诉同学，让大家把玩过的玻璃球、小贝壳、彩色石子全都拿过来，砌出你们喜欢的图案，心形、三角形、圆形，什么都可以，咱们可以把这条路铺成一条漂亮的五彩路！"

许多年过去了，当年淘气的孩子都有了自己的孩子。当他们满怀信任地将自己的孩子送往自己的母校时，都不忘牵着孩子的手，带他们来走这条五彩路。不再年轻的心澎湃着，在分

享不尽的宽容和睿智面前,再一次感受生活的美好。

是啊,宽恕伤害自己的人是困难的,但能做到这一点的人却是高贵的。校长以博大的胸怀宽恕了孩子的错误,并为孩子铺就了一条快乐人生的五彩路,他这种化责备为祝福的智慧确实令人惊叹。

宽容是善意的理解和理解之后的爱与关怀,宽容的伟大在于发自内心,真正的宽容总是真诚的、自然的。宽容是一种最高贵的美德,没有人能比施行宽容的人更强大、更自豪。付出宽容,你将收获无穷。

谁都会因为某种原因而犯下一些错误,当别人犯了错误时,如果你对他横加指责,面临的情况常常是他为自己的错误找到了上百个看似合理的借口。并且你伤了他的自尊,他一定不会再与你合作了,而友善和宽容却能使他以后将你的事当成义不容辞的责任,让他更加竭尽所能地为你办事。

宽容是一种充满智慧的处世之道。吃亏是福,对于误解、谩骂、忘恩负义,都不去计较,这种吃亏其实就是一种宽容的智慧。以一种博大的胸怀和真诚的态度宽容别人,就等于送给了自己一份神奇的礼物;宽容别人带来的愉快本身是至高无上的,它使我们认识到自己值得得到宽容,也使我们认识到没有宽容之心的人是有缺陷和危险的。

宽容是需要技巧的。给犯错的人一次机会是宽容,不是纵容,不是免除对方应该承担的责任。但也要记住,每个人都需要为自己的行为负责,每个人都要承担自己所造成的后果。如

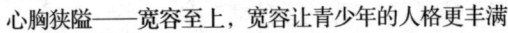

弱点十七
心胸狭隘——宽容至上，宽容让青少年的人格更丰满

果对方一而再、再而三地犯错，甚至还是同样的错误，宽容就意味着纵容。宽容是有必要的，是必须的，但也必须是有限度的。

人性闪光点

宽容之心可以创造和留住世间一切的美丽。面对别人做错的事情，责备无济于事，不妨用一颗宽容的心来面对他，结果就会是另一道风景。如果你想宽容别人，就不要等着别人来乞求你，主动去宽容那些值得你这样做的人吧！宽容是心中最好的画笔，拥有了它，就可以画出世界上最美的画。

参考文献

[1]宗春山,谷金玉.青少年必须克服的人性弱点[M].北京:石油工业出版社,2011.

[2]李方江.青少年自我完善:克服弱点变得强大[M].芜湖:安徽师范大学出版社,2012.

[3]朱晓平.青少年品格必修课[M].北京:中国妇女出版社,2019.

[4]吴牧天.自觉可以练出来[M].南宁:接力出版社,2014.